SAMMLUNG GÖSCHEN BAND 1127

Geschlecht und Geschlechtsbestimmung im Tier- und Pflanzenreich

Von

Prof. Dr. Max Hartmann

Direktor am Kaiser-Wilhelm-Institut
für Biologie in Hechingen

Mit 61 Abbildungen und 7 Tabellen

Zweite, verbesserte Auflage

WALTER DE GRUYTER & CO.

vormals G. J. Göschen'sche Verlagshandlung · J. Guttentag, Verlagsbuchhandlung · Georg Reimer · Karl J. Trübner · Veit & Comp.

Berlin 1951

Archiv-Nr. 111127
Druck von Walter de Gruyter & Co., Berlin W 35

Inhaltsverzeichnis.

Schriftenverzeichnis.

Zusammenfassende Darstellungen.

Correns, C., 1928: Bestimmung, Vererbung und Verteilung des Geschlechts bei den höheren Pflanzen. Handb. d. Vererbungswiss., Bd. II C. Berlin.

Dantschakoff, V., 1941: Der Aufbau des Geschlechts beim höheren Wirbeltier. Gustav Fischer, Jena.

Goldschmidt, R., 1931: Die sexuellen Zwischenstufen. Monogr. a. d. Ges.-Gebiet d. Physiol. d. Pflanzen u. Tiere. Bd. 23. Berlin.

Hartmann, M., 1929: Verteilung, Bestimmung und Vererbung des Geschlechts bei den Protisten und Thallophyten. Handb. d. Vererbungswissenschaft, Bd. II E. Berlin.

—, 1930: Die Sexualität der Protisten und Thallophyten und ihre Bedeutung für eine allgemeine Sexualitätstheorie. Zeitschr. f. indukt. Abst.- u. Vererbungslehre, Bd. 54.

—, 1943: Die Sexualität. Gustav Fischer, Jena.

—, u. Hämmerling, J. 1948. Fortpflanzung und Sexualität. Naturforschung und Medizin in Deutschland 1939—1946, **53**, Biologie Teil II. Wiesbaden, Dieterichsche Verlagsbuchhandlung.

Kniep, H., 1928: Die Sexualität der niederen Pflanzen. Differenzierung, Verteilung, Bestimmung und Vererbung des Geschlechts bei den Thallophyten. Jena.

Moewus, Fr., 1941: Zur Sexualität der niederen Organismen. I. Flagellaten und Algen. Ergebn. Biol. **18**, 287.

—, 1948: Fortpflanzung u. Sexualität der Pflanzen. Naturforschg. u. Medizin in Deutschland 1939—1946, **53**, Biologie, Teil II. Wiesbaden, Dieterichsche Verlagsbuchhandlung.

Witschi, E., 1929: Bestimmung und Vererbung des Geschlechts bei Tieren. Handb. d. Vererbungswissenschaft, Bd. II D. Berlin.

Einleitung.

Es ist eine der auffallendsten Erscheinungen in der Welt des Lebendigen, daß die lebenden Körper im Gegensatz zu den anorganismischen gewissermaßen in einer zweifachen Ausgabe vorkommen, einer weiblichen und einer männlichen. Die Fortpflanzungsprodukte der weiblichen, die Eizellen resp. weiblichen Gameten, entwickeln sich in der Regel nur, wenn sie mit den Fortpflanzungsprodukten der männlichen, den Samenzellen oder Spermakernen resp. männlichen Gameten, verschmelzen, mit andern Worten, wenn ein Befruchtungsakt vorausgegangen ist. Diese Erscheinungen der Sexualität, des Vorkommens zweier entgegengesetzter Geschlechter und Geschlechtszellen, finden sich im ganzen Organismenreich. Auch bei Einzelligen, Algen und Pilzen (= Thallophyten), unter deren einzelnen Gruppen sie z. T. lange Zeit nicht beobachtet und erkannt wurden, sind sie in den letzten Jahrzehnten für alle Gruppen mit Ausnahme der Bakterien und Blaualgen nachgewiesen. Doch sprechen neueste amerikanische Versuche über Vererbungsvorgänge bei Bakterien dafür, daß auch bei ihnen Befruchtungsvorgänge vorkommen.

Es ist verständlich, daß sich über Erscheinungen, die für den Menschen und sein soziales Zusammenleben sowie seine lebende Umwelt, besonders seine Haustiere und Kulturpflanzen, von so tiefgreifender Bedeutung sind, die denkende Menschheit von jeher Vorstellungen gemacht, sie zu erklären, zu verstehen versucht hat. So ist es nicht verwunderlich, daß bis zu der Entdeckung der genaueren Zellvorgänge bei der Befruchtung in den 70er Jahren des 19. Jahrhunderts bereits über 400 Befruchtungs- und Sexualitätshypothesen in der wissenschaftlichen Literatur aufgetaucht waren. Sie waren alle von mehr oder minder phantastischer Natur. Heute sind der Mechanismus des Zustandekommens der beiden Geschlechter und die

Grunderscheinungen, die ihn bedingen, weitgehend geklärt, und wenn auch noch sehr vieles zu erforschen ist, so kann doch die einheitliche Grundtheorie der Sexualität als wissenschaftlich gesichert gelten. Dieser große wissenschaftliche Fortschritt, der in den letzten 50 Jahren erzielt werden konnte, ist der unabhängigen gleichzeitigen Arbeit dreier zunächst recht verschiedenen biologischen Forschungsrichtungen zu verdanken: 1. Vergleichend mikroskopischen Untersuchungen tierischer und pflanzlicher Geschlechtszellen, 2. genetischen Experimentaluntersuchungen über die Vererbung des Geschlechts bei höheren Pflanzen und Tieren und 3. entwicklungsphysiologischen und genetischen Untersuchungen über die Geschlechtsbestimmung und Vererbung bei Einzelligen und Thallophyten. Sehr frühzeitig haben sich die mikroskopischen und die Vererbungsversuche bei höheren Tieren und Pflanzen miteinander verbinden lassen und zu einer wohlbegründeten Theorie der erblichen Geschlechtsbestimmung geführt. Ja, merkwürdiger- und erfreulicherweise haben aber auch die von ganz andersartigen Gesichtspunkten und mit sehr verschiedener Methodik durchgeführten Untersuchungen an Einzelligen und niederen Organismen zu denselben Grundauffassungen über das Wesen der Sexualität geführt, so daß sich heute alle diese Forschungsergebnisse zu einem einheitlichen Bau zusammenfügen lassen. Die Geschichte dieser Untersuchungen bietet eines der lehrreichsten Beispiele, wie in der Biologie nach weitgehender Spezialisierung und scheinbarer Zersplitterung eine echte Synthese erwachsen kann.

Die Erscheinungsformen der Sexualität finden sich im Organismenreich in einer verwirrenden Mannigfaltigkeit ausgebildet. Das gilt weniger für die eigentlichen Geschlechtsprodukte, die weiblichen und männlichen Gameten, die bis hinunter zu Einzelligen und Thallophyten als große, meist ruhende Eizellen und kleinere in der Regel bewegliche Samenzellen, resp. Spermakerne der Pollenkörner, ausgebildet sind, obwohl die niederen Gruppen auch alle Übergänge bis zu völliger äußerer Gleichheit aufweisen. Die ungeheure Mannigfaltigkeit findet sich gerade bei den höheren Organismen, die in der Gametenausbildung eine schematische Gleichheit zeigen. Sie tritt schon bei der Ausbildung und Anordnung der Gameten in besonderen Organen, den weiblichen und männlichen Geschlechtsorganen oder Gonaden (Eierstock und Hoden der Tiere), den Blüten und Blütenständen der Pflanzen und Gametangien der niederen Pflanzen zutage, die als primäre Geschlechtsorgane bezeichnet werden. Noch größer ist sie bei den sog. sekundären Geschlechtsorganen der Tiere, die vor allem Organe betreffen, die irgendwie im Dienste der Sexualität und Befruchtung stehen, wie die Ausführungsorgane der Geschlechtszellen, die Begattungsorgane, die Organe zur Aufzucht der Eier und zur Jugendpflege. Die sekundären Geschlechtsmerkmale können mehr oder minder alle Organe, ja die gesamte Konstitution des Tieres ergreifen und auch das sog. „psychische" Verhalten weitgehend beherrschen. In diesem Bändchen sollen jedoch in erster Linie nur die allgemeinen Erscheinungen der Sexualität behandelt werden. Auf die große Mannigfaltigkeit der Begleitorgane und sekundären Geschlechtscharaktere wird nur insofern eingegangen, als ihre prinzipielle kausale Bedingtheit zur Darstellung gelangen soll, während die ungemein mannigfaltigen Ausprägungen der sekundären Geschlechtsmerkmale und des sexuellen Verhaltens den speziellen Schilderungen der Tier- und Pflanzenkunde vorbehalten bleiben muß. Besonders sei auf das Bändchen „Fortpflanzung im Tier- und Pflanzenreich" von Hämmerling verwiesen.

I. Vorbemerkungen und Nomenklatorisches.

Die bei der Befruchtung verschmelzenden Geschlechtszellen werden ganz allgemein als Gameten bezeichnet. Bei allen vielzelligen Tieren und den Pflanzen sind die Gameten deutlich als große plasmareiche weibliche Eizellen und kleine plasmaarme männliche Zellen unterschieden. Bei den Tieren sind es die fast immer beweglichen Samenzellen, Spermien, bei Pflanzen die beweglichen Spermatozoiden, resp. die Sperma-

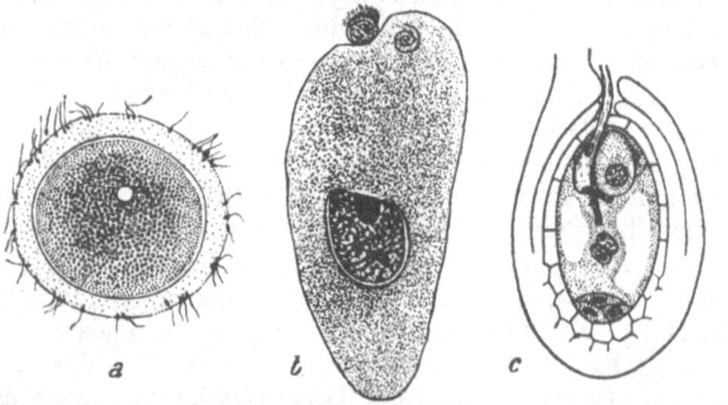

Abb. 1. Eibefruchtung bei Metazoen und Samenpflanzen. a Seesternei von Samenzellen umgeben. Nach Fol. b Befruchtete Eizelle von *Zamia floridana* (Cycadee). Der in die Eizelle eingedrungene Spermakern (dunkel) in einer grubigen Vertiefung des Eikerns. Das abgeworfene Spiralband liegt im Plasma der Spitze des Eies. Das zweite Spermatozoid an der Oberfläche der Eizelle. Nach Webber. c Schema der Befruchtung einer Blütenpflanze (*Lilium*). Am oberen Ende des Embryosacks Eizelle und 2 Synergiden. Neben der Eizelle der eine eingedrungene Spermakern. In der Mitte Embryosack-Zelle mit Polkernen und 2. Spermakern. Nach Geitler.

kerne der Pollenkörner (Abb. 1). Auch bei der Mehrzahl der Thallophyten (Algen und Pilze) sowie einzelligen Protisten sind weibliche und männliche Gameten deutlich erkennbar als weibliche Makrogameten (besser Gynogameten) und männliche Mikro- oder Androgameten. Doch finden sich unter den niederen Organismen alle Übergänge von der bei den höheren Organismen allgemein vorkommenden Eibefruchtung bis zu einer völligen morphologischen Gleichheit der kopulierenden Gameten, was als Isogamie bezeichnet wird (Abb. 2) (Phytoflagellaten, Gregarinen, Braunalgen, Grünalgen). (Näheres über diese Verhältnisse siehe in dem Bändchen

Fortpflanzung von **Hämmerling**.) Diese Erscheinungen, die morphologische Gleichheit der kopulierenden Gameten, haben zu der Auffassung geführt, daß bei voller Isogamie nicht zwei verschiedene Geschlechter vorhanden seien, daß also eigent-

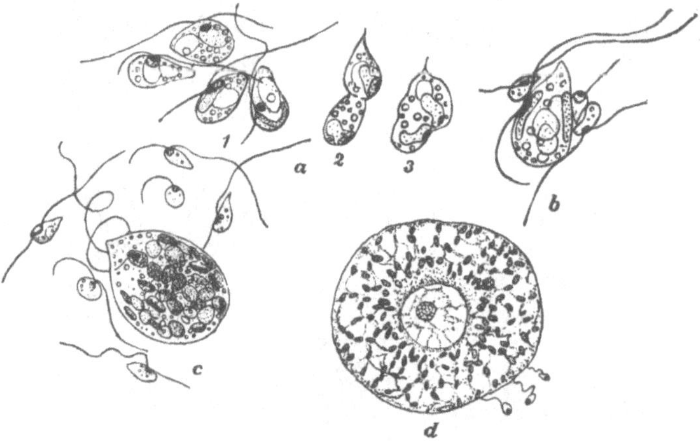

Abb. 2. Entwicklung der Eibefruchtung aus der isogamen über die anisogame bei den Braunalgen. a *Stictyosiphon tortilis*. 1 Isogameten, 2—3 deren Kopulation; b *Nemoderma tigrinum*, ♀ Gynogamet von ♂ Androgameten umgeben; c großer Gynogamet mit kleinen Androgameten von *Cutleria multifida*; d *Dictyota dichotoma*, Eizelle mit 3 Spermatozoiden (Androgameten). a—c nach Kukkuck, d nach Williams.

liche sexuelle Unterschiede fehlen und die sexuellen Verschiedenheiten erst sekundär entstanden und erst sekundär mit der Befruchtung verknüpft seien. Bei Nichtvorhandensein zweier verschiedener Gametensorten könnte daher gewissermaßen jede Geschlechtszelle mit jeder anderen kopulieren. Wenn auch die morphologischen Unterschiede der männlichen und weiblichen Gameten sich sicher phylogenetisch (stammesgeschichtlich) in verschiedenen Gruppen niederer Organismen selbständig sekundär entwickelt haben, so ist doch eine physiologische Verschiedenheit und das Vorhandensein zweier physiologisch verschiedener weiblicher und männlicher Sorten von Gameten auch bei völliger Isogamie heute bewiesen, wie in einem späteren Abschnitt eingehend gezeigt werden wird.

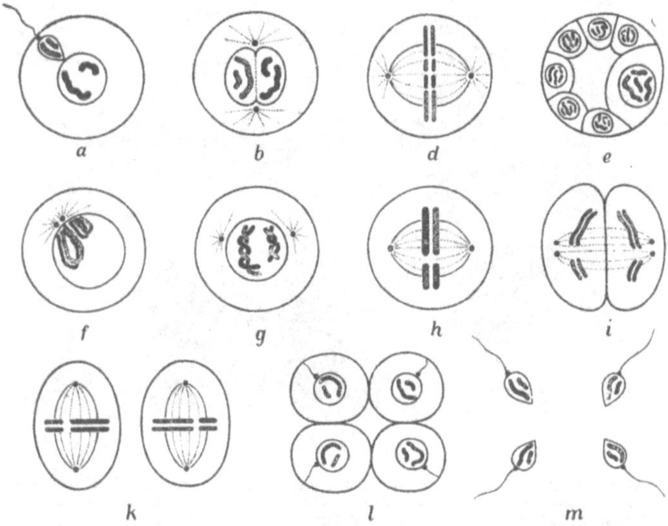

Abb. 3. Schema der Entwicklung und des Kernphasenwechsels eines Diplonten (männliches Metazoon). a, b Befruchtung. Kopulation der haploiden Eizelle mit der haploiden Samenzelle (Kern). d, e Das diploide befruchtete Ei mit 4 Chromosomen (2 Sätzen) teilt sich in viele diploide Zellen, die den tierischen diploiden Organismus aufbauen (große Zelle rechts, Keimbahnzelle). f—k Reifeteilungen. h, i Reduktionsteilung, Verteilung ganzer geteilter Chromosomen im 1. Teilungsschritt (Übergang zur Haplophase), 2. Teilung Äquationsteilung. l, m Bildung der Samenzellen.

Die Gameten besitzen normalerweise ganz allgemein eine einzige Garnitur von Kernfäden oder Chromosomen in ihren Zellkernen, sie sind haploid. Bei der Befruchtung, d. i. der Verschmelzung von männlichen und weiblichen Gameten, entsteht eine befruchtete Zelle (bei Tieren das befruchtete Ei), die allgemein als Zygote bezeichnet wird und nun zwei Garnituren von Chromosomen aufweist, also diploid ist. Da alle höheren Tiere und Pflanzen sich aus Teilungen der diploiden Eizelle auf bauen,bei denen die beiden Chromosomengarnituren nach vorheriger Längsspaltung gleichmäßig auf die Tochterzellen verteilt werden, so sind alle Zellen dieser Organismen diploid. Erst bei oder kurz vor der Gametenbildung werden ganze ungeteilte Chromosomen durch die sogenannten Reduktionsteilungen verteilt, wodurch wieder haploide Gameten mit einer Chromosomengarnitur entstehen (diploide Organismen oder Diplonten) (Abb. 3). Bei vielen Protisten, Algen und Pilzen findet diese Reduktion der Chromosomen vielfach bereits in den ersten Teilungen der Zygote statt; alle diese Formen haben auch in ihren vegetativen Zellen nur eine Chromosomengarnitur, sie sind haploid (Haplonten) (Abb. 4). Außerdem gibt es noch Organismen (manche Grünalgen, die meisten Braun- und Rotalgen, die Moose und Farne, ja im Prinzip auch in versteckter Weise alle höheren Pflanzen), bei denen die Reduktion an eine ungeschlechtliche Fortpflanzung geknüpft ist und der Lebenszyklus daher einen Wechsel von zwei verschiedenen Generationen aufweist, eine diploide mit ungeschlechtlicher Fortpflanzung (Sporenbildung) und eine haploide Geschlechtsgeneration mit Gametenbildung (Diplohaplonten mit sog. heterophasischen Generationswechsel; Näheres in dem Bändchen Fortpflanzung).

Bei niedersten haploiden Organismen gibt es Formen, z. B. *Chlamydomonas eugametos* (Flagellat, Geißeltier), bei denen jede vegetative Zelle (sie sind alle haploid) unter bestimmten äußeren Bedingungen als Gamete funktionieren kann. In der Regel sind aber schon bei den Einzelligen und den aus mehr oder minder gleichen Zellen aufgebauten Thallophyten die Gameten von den agamen Fortpflanzungszellen morphologisch verschieden, oft auch die morphologische Art und Weise ihrer Bildung voneinander abweichend und ihre Elterzellen können schon als Makro-(Gyno-) und Mikro-(Andro-)Gametocyten unterschieden und bezeichnet werden. Bei vielzelligen Algen und Pilzen werden dann die Gameten (meist in großer Anzahl)

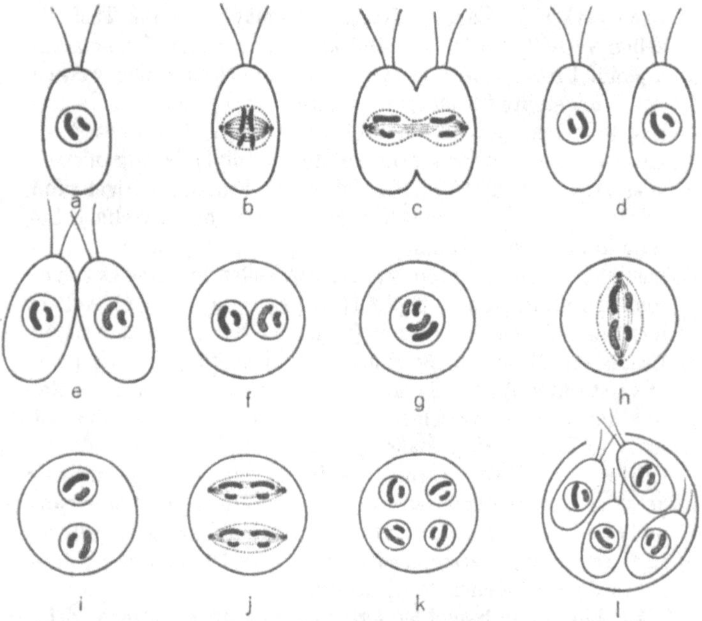

Abb. 4. Schema der Entwicklung und des Kernphasenwechsels von Haplonten (*Chlamydomonas*, Flagellat). a—d Ungeschlechtliche Vermehrung der haploiden vegetativen Individuen, 2 Chromosomen = 1 Satz. e—g Befruchtung, Kopulation zweier haploider Isogameten und Bildung der diploiden Zygote (g) mit 4 Chromosomen (2 Sätze). h—k Reduktionsteilungen, Bildung von 4 haploiden Kernen. Sofortiger Übergang zur Haplophase. 1 Keimung der 4 haploiden Zoosporen oder Gonen.

in oft besonders gebauten Zellen oder vielzelligen Organen, den Gametangien (Makro- und Mikrogametangien) resp. weiblichen Oogonien und männlichen Antheridien gebildet. Bei Moosen werden die weiblichen Gametangien Archegonien genannt. Entsprechende Organe sind bei den vielzelligen Tieren allgemein vorhanden (nur bei den Schwämmen und vielen Coelenteraten liegen die Eizellen und samenbildenden Elterzellen zerstreut im Gewebe), die weiblichen und männlichen Gonaden, resp. Eierstöcke und Hoden. Die Geschlechtsorgane der höheren Pflanzen sind die Blüten, in denen die weiblichen Samenanlagen und die männlichen Pollenkörner gebildet werden. Bei den Gonaden und Blüten können allerhand Hilfsorgane hinzutreten, die eine große Mannigfaltigkeit und Komplikation aufweisen können, auf die aber hier nicht näher eingegangen werden kann (siehe die Bändchen Fortpflanzung, Tier- und Pflanzenkunde).

Werden die beiden Gametensorten von verschiedenen viel- und einzelligen Individuen oder in verschiedenen Einzellkulturen, sog. Klonen, gebildet, so liegt Getrenntgeschlechtlichkeit vor. Gelangen sie dagegen auf demselben Individuum zur Ausbildung oder werden sie in Einzelkulturen gebildet, dann handelt es sich um Gemischtgeschlechtlichkeit oder Zwittrigkeit. Mit der Feststellung von Getrennt- oder Gemischtgeschlechtlichkeit ist aber noch nichts über die Art der Geschlechtsbestimmung aufgezeigt. Wenn die einzelnen Individuen stets gemischtgeschlechtlich sind, oder innerhalb von Einzellkulturen beide Arten von Gameten oder Geschlechtsindividuen auftreten, dann hängt es letzten Endes von äußeren oder inneren Entwicklungsbedingungen ab, welche Zellen männlich und welche weiblich werden. Es lassen sich in diesen Fällen nicht besondere Erbfaktoren für diese Entscheidung verantwortlich machen, man spricht dann von nichterblicher oder phaenotypischer Geschlechtsbestimmung. Wenn sich dagegen bei getrenntgeschlechtlichen Individuen oder getrenntgeschlechtlichen Klonen nachweisen läßt, daß die Geschlechtstrennung und Geschlechtsbestimmung durch besondere Erbfaktoren oder Gene, die in den Chromosomen liegen, herbeigeführt und festgehalten wird, dann liegt erbliche oder genotypische Geschlechtsbestimmung vor. Die Geschlechtsbestimmung erfolgt dann durch die Verteilung und das Zusammenbringen besonderer Erbfaktoren, die bewirken, daß nur die Merkmale des einen Geschlechtes zur Entfaltung gelangen. Es gibt demnach zwei Hauptarten der Geschlechtsbestimmung bei den Organismen, eine erbliche, genotypische, und eine nichterbliche. Je nachdem die nichterbliche und erbliche Geschlechtsbestimmung und Geschlechtsverteilung nur in einer haploiden Generation oder Phase auftritt oder die diploiden Generationen bereits eine Geschlechtstrennung erkennen lassen, kann man dann zwei Unterarten unterscheiden, die haplo- und diplophaenotypische und die haplo- und diplogenotypische Geschlechtsbestimmung.

Zur Bezeichnung des gemischt- und getrenntgeschlechtlichen Zustandes verwenden wir ganz allgemein die aus der Botanik übernommenen Ausdrücke monöcisch für gemischtgeschlechtlich und diöcisch für getrenntgeschlechtlich. Bei Tieren sind hierfür die Ausdrücke hermaphroditisch resp. gonochoristisch üblich. Je nachdem ob der gemischtgeschlechtliche oder getrenntgeschlechtliche Zustand in der Haplophase resp. einer haploiden Generation auftritt, oder in einer Diplophase resp. diploiden Generation, ergeben sich dann folgende vier Bezeichnungen:

1. Haplomonöcisch = gemischtgeschlechtlich in der Haplophase (Haplonten oder haploide Generationen von Diplohaplonten).
2. Diplomonöcisch = gemischtgeschlechtlich in der Diplophase (Diplonten resp. diploide Generationen von Diplohaplonten).
3. Haplodiöcisch = getrenntgeschlechtlich in der Haplophase (Haplonten oder haploide Generationen von Diplohaplonten).
4. Diplodiöcisch = getrenntgeschlechtlich in der Diplo-

phase (Diplonten resp. diploide Generationen von Diplohaplonten).

Diese Bezeichnungen sagen nun nichts darüber aus, ob ein so bezeichneter gemischt- oder getrenntgeschlechtlicher Zustand erblich, genotypisch, oder nichterblich, phaenotypisch, bestimmt ist. Bei Haplo- und Diplomonöcie ist zwar in der Regel die Ausbildung der männlichen und weiblichen Organe rein modifikatorisch, nicht erblich bedingt; nur die Art und Ausbildung derselben oder die zeitliche Aufeinanderfolge ist auch hier meist erblich bewirkt. Das Auftreten eines getrenntgeschlechtlichen Zustandes an sich gibt aber überhaupt noch keine Auskunft darüber, ob derselbe erblich oder nichterblich zustande gekommen ist. Welche Schwierigkeiten hier oft vorliegen und welche Wege zur Klarstellung beschritten werden müssen, werden wir später bei der Besprechung der einzelnen Typen der Geschlechtsbestimmung kennenlernen.

II. Allgemeine bipolare Zweigeschlechtlichkeit.

Ehe wir mit der Schilderung der verschiedenen Typen der Geschlechtsbestimmung und Geschlechtsvererbung beginnen, muß die oben bereits berührte Frage beantwortet werden, ob man auch dort, wo die Gameten äußerlich völlig gleich sind,

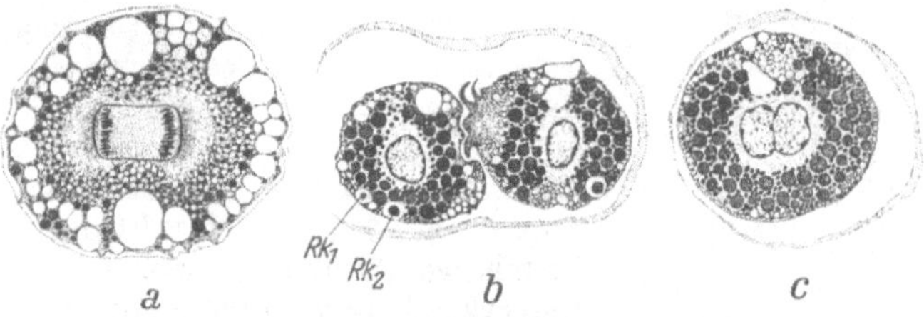

Abb. 5. Befruchtung von *Actinophrys sol* (Sonnentier) a ein diploides Individuum teilt sich innerhalb einer Cyste, b die Tochterzellen sind nach Übergang in den haploiden Zustand (Reduktionsteilung) zu einer ♂ (rechts) und ♀ (links) Gamete geworden; die ♂ wandert aktiv zu der ♀ hinüber und kopuliert mit ihr (c). Nach Belar.

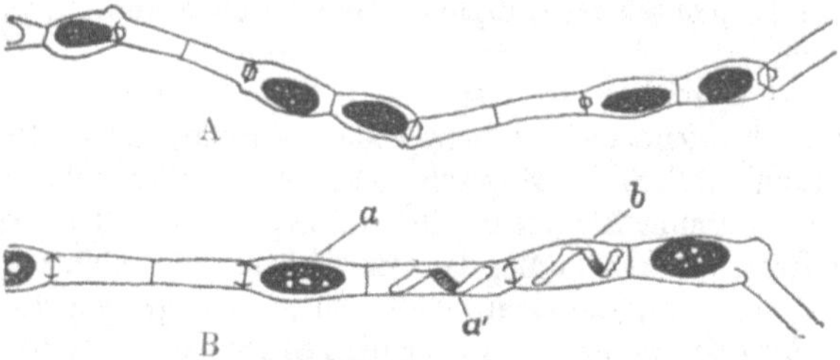

Abb. 6a.

Abb. 6a. Geschlechtsverschiedenes Verhalten morphologisch isogamer Gameten von Spirogyren (konjugate Algen). A *Spirogyra spreeiana*. Zwittrige Art mit Seitenkopulation. Normalerweise liegen 2 ♂ u. 2 ♀ Zellen nebeneinander (Doppelzellen A). B Doppelzellen, doch bei den mittleren Zellen die eine ♂ (a'), die andere ♀ (b). Nach Tröndle. 6b *Spirogyra guinina*. Getrenntgeschlechtliche Art mit Leiterkopulation. Rechts männlicher Faden (♂), links weiblicher (♀). Z = Zygoten. Nach Strasburger.

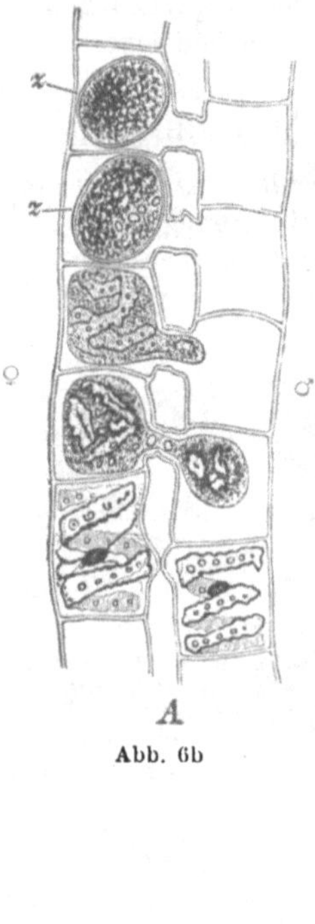

Abb. 6b

von zwei Geschlechtern reden kann, mit anderen Worten, ob die bipolare Zweigeschlechtlichkeit eine allgemeine Erscheinung aller Befruchtungsvorgänge ist. Bei weitaus den meisten Organismen (allen Metazoen, Blütenpflanzen, Farnen und Moosen, den meisten Thallophyten und Protozoen) ist die bipolare Zweigeschlechtlichkeit ein einfacher, schlichter Tatbestand, denn auch bei den meisten niederen Organismen (Protisten und Thallophyten) weisen die kopulierenden Gameten stets stärker oder schwächer ausgesprochene, den weiblichen Eiern und männlichen Spermien entsprechende, Unterschiede untereinander auf. Auch bei Formen mit morphologischer Isogamie haben die Untersuchungen der letzten Jahrzehnte Unterschiede der kopulierenden Gameten kennengelehrt. So bleibt von den beiden äußerlich gleichen Gameten des Sonnentierchens *Actinophrys sol* (früher das Musterbeispiel völliger Isogamie) der eine (weibliche) Gamet an seinem Orte liegen, während der männliche Pseudopodien (bewegliche Plasmafortsätze) bildet, mittels derer er zu dem weiblichen hinüber wandert und mit ihm verschmilzt (Abb. 5). Ähnlich

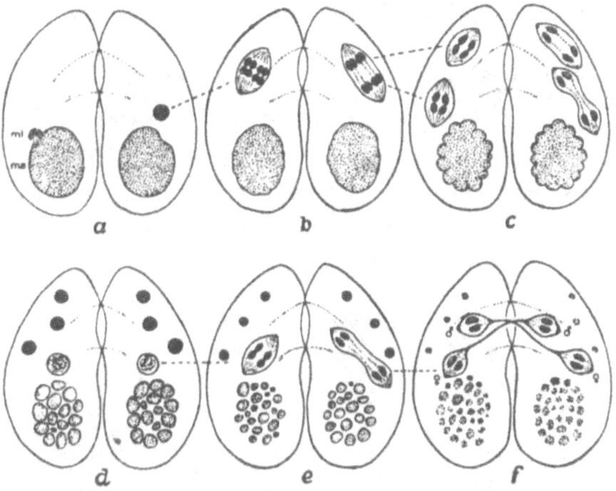

Abb. 7. Schema der Konjugation von *Chilodon uncinatus* (Ciliat) (Ehr.). Dem Schema sind die Untersuchungen von Enriques resp. McDougall zugrunde gelegt. a Aneinanderlagerung der Konjuganten, b erste Reifeteilung (Äquationsteilung, vier Chromosomen), c zweite Reifeteilung (Reduktion, zwei Chromosomen), d, e je drei der gebildeten Mikronuclei werden kompakt und gehen zugrunde, e dritte Mikronucleusteilung, f Austausch der Kerne. Aus Belar.

liegen die Verhältnisse bei vielen *Spirogyra*-Arten (Abb. 6). Bei den zwittrigen Ciliaten (oder Infusorien) legen sich zwei Geschlechtstiere (keine Gameten) mit der Mundseite aneinander. Nach der Reduktionsteilung teilt sich der nun haploide Mikronucleus in jedem Tier in einen weiblichen und männlichen Kern, die oft auch morphologisch deutlich unterscheidbar sind (Abb. 8). Der männliche sog. Wanderkern jedes Tieres wandert hierauf aktiv in das andere Tier hinüber und verschmilzt mit dem dort zurückgebliebenen weiblichen statio-

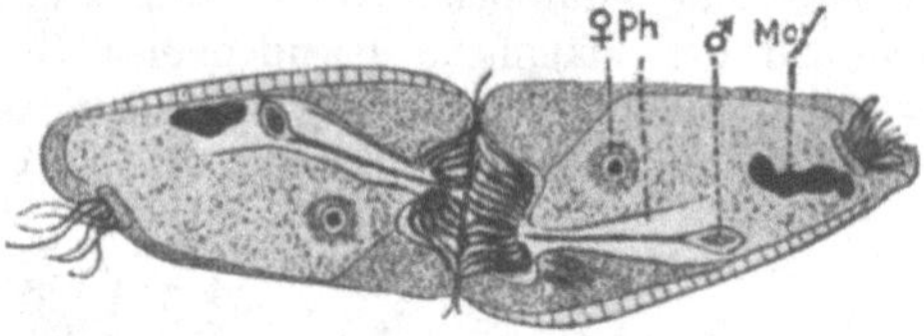

Abb. 8. Überwandern der ♂ Kerne durch die Mundöffnung des Partners bei der Konjugation von *Cycloposthium bipalmatum* (Ciliat). Männliche Kerne mit plasmatischem Schwanzanhang. Nach Dogiel.

nären Kern (Abb. 7). Auch bei den Gregarinen (Sporentiere) legen sich je zwei erwachsene Geschlechtstiere zusammen und encystieren sich gemeinsam. Sie sind jedoch getrenntgeschlecht-

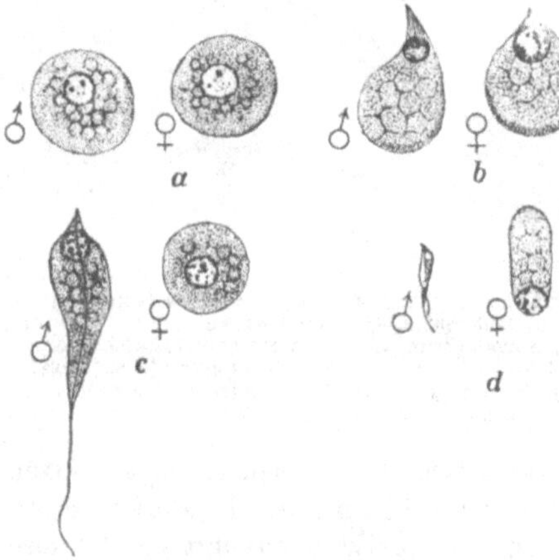

Abb. 9. Gameten verschiedener Gregarinen (Sporentiere), die allmähliche Ausbildung der sexuellen Verschiedenheit zeigend. a *Monocystis sp.*, b *Urospora lagidis*, c *Stylorhynchus longicollis*, d *Echinomera hispida*. a und b nach Brasil, c nach Léger, d nach Schellack.

lich und erzeugen mehr oder minder deutlich verschiedene Gyno- und Androgameten. Die beiden Gametensorten von manchen *Monocystis*-Arten sind äußerlich scheinbar gleich, doch sind die Kerne der einen Sorte durchgängig größer als die der anderen Sorte, oder die männlichen haben ein vom Centriol ausgehenden stärkeren Fortsatz (Abb. 9). Vielfach greifen sogar schon die Sexualitätsunterschiede von Einzelligen auf die gametenbildenden Elterzellen, die Gamonten, über, so daß es zur Ausbildung von sekundären Geschlechtsmerkmalen kommt. So lassen sich bei manchen Gregarinen die gametenbildenden Elterzellen (Gamonten), die sich schon sehr früh paarweise vereinigen, während des ganzen Wachstumsstadiums durch deutlich verschiedene Granula im Plasma unterscheiden.

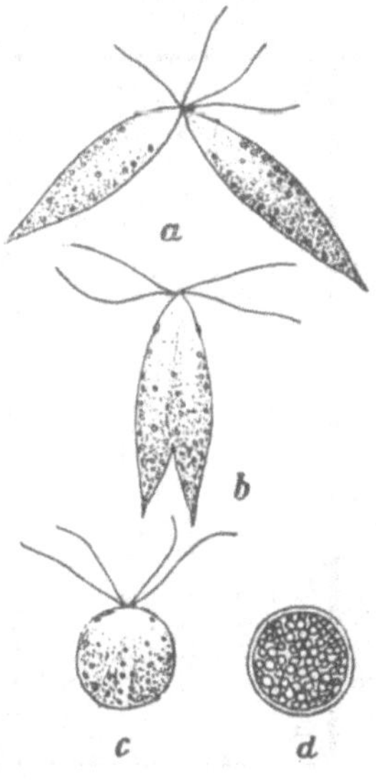

Abb. 10. *Stephanosphaera pluvialis* (Phytoflagellat). Kopulation morphologisch rein isogamer Gameten. Nach Hieronymus.

Andererseits gibt es, besonders unter den Algen und Pilzen (seltener unter den Protozoen), ziemlich häufig streng isogame Formen, bei denen die beiden Gameten und Geschlechtsformen auch mit den feinsten mikroskopischen Methoden nicht voneinander unterscheidbar sind (Abb. 10). Und doch hat es sich auch hier auf zweierlei verschiedene Weise zeigen lassen, daß zwei Sorten von Gameten vorhanden sind. Der eine Weg besteht darin, daß man Gameten einer größeren Zahl verschiedener Individuen oder von Klonen (das sind Kulturen, die von einer einzigen isolierten Zelle angelegt wurden) auf ihre Kopulationsfähigkeit prüft. Die Gameten von derselben Pflanze oder demselben Klon kopulieren dann bei vielen Algen, Pilzen und Protisten nicht untereinander und auch nicht mit den Gameten jeder beliebigen anderen Pflanze oder jedes

	2	4	19	27	29	32	35	36	41	5	11	13	21	38	40
2	0	0	0	0	0	0	0	0	0	Z	Z	Z	Z	Z	Z
4	0	0	0	0	0	0	0	0	0	Z	Z	Z	Z	Z	Z
19	0	0	0	0	0	0	0	0	0	Z	Z	Z	Z	Z	Z
27	0	0	0	0	0	0	0	0	0	Z	Z	Z	Z	Z	Z
29	0	0	0	0	0	0	0	0	0	Z	Z	Z	Z	Z	Z
32	0	0	0	0	0	0	0	0	0	Z	Z	Z	Z	Z	Z
35	0	0	0	0	0	0	0	0	0	Z	Z	Z	Z	Z	Z
36	0	0	0	0	0	0	0	0	0	Z	Z	Z	Z	Z	Z
41	0	0	0	0	0	0	0	0	0	Z	Z	Z	Z	Z	Z
5	Z	Z	Z	Z	Z	Z	Z	Z	Z	0	0	0	0	0	0
11	Z	Z	Z	Z	Z	Z	Z	Z	Z	0	0	0	0	0	0
13	Z	Z	Z	Z	Z	Z	Z	Z	Z	0	0	0	0	0	0
21	Z	Z	Z	Z	Z	Z	Z	Z	Z	0	0	0	0	0	0
38	Z	Z	Z	Z	Z	Z	Z	Z	Z	0	0	0	0	0	0
40	Z	Z	Z	Z	Z	Z	Z	Z	Z	0	0	0	0	0	0

Tabelle 1: *Cladophora pellucida* (Grünalge). Ergebnisse der Kombination der Isogameten von morphologisch gleichen haploiden Geschlechtspflanzen. Z Gruppen- und Zygotenbildung, 0 keine Reaktion. Deutliches Zweierschema. Nach Föyn.

andern Klons. Es zeigt sich vielmehr, daß es zwei Sorten von Pflanzen und Gameten gibt, indem die Angehörigen einer Sorte nie untereinander, aber alle Angehörigen der einen Sorte mit allen der andern Sorte kopulieren. Bei Durchführung aller Kombinationsmöglichkeiten tritt das in einem sog. Zweierschema eindringlich zutage (Tab. 1). Trotz morphoogischer Isogamie liegt in diesen Fällen also eine scharfe Zweigeschlechtlichkeit vor.

Dieselbe kann, wie gesagt, noch in anderer Weise erkannt werden, nämlich beim Zusammentreffen oder Zusammensetzen der beiden geschlechtsverschiedenen Gametensorten, wobei die geschlechtsverschiedenen Gameten sich verschieden verhalten, wie wir das schon von *Actinophrys* und Spirogyren kennengelernt haben. So bilden sich beim Zusammensetzen zweier geschlechtsverschiedener geißeltragender Isogametensorten vielfach Gruppen. Dabei können die Angehörigen der einen Gametensorte ihre Geißel verlieren und sich festsetzen (= weiblich), während die anderen sich in großer Anzahl um die festsitzenden (weiblichen) Gameten ansammeln, sich also als männlich erweisen, und dann eine dieser männlichen Gameten mit einer weiblichen kopuliert. Das Verhalten gleicht also ganz dem einer anisogamen resp. Eibefruchtung (ruhendes weibliches Ei, das von vielen beweglichen männlichen Spermien umschwärmt wird). Dieses bei der Braunalge *Ectocarpus siliculosus* vorliegende Verhalten (Abb. 11) ist allerdings bei gleichbeweglichen Isogameten selten; gewöhnlich verhalten sich die geschlechtsverschiedenen freibeweglichen Gameten bei der Gruppenbildung gleich und kopulieren innerhalb der Gruppe paarweise. In diesem Falle kann nur durch die erste Methode die Zweigeschlechtlichkeit aufgezeigt werden.

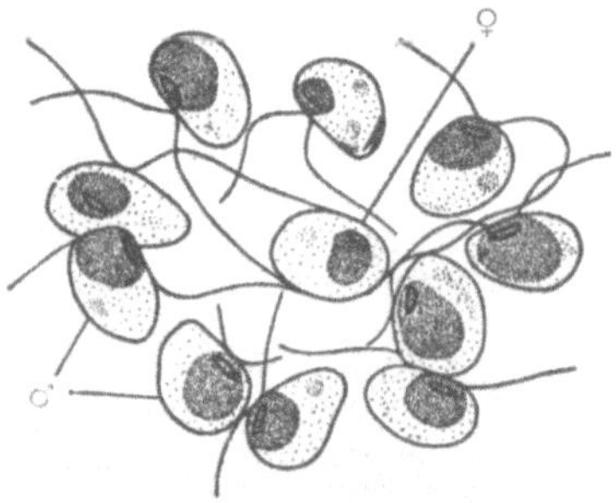

Abb. 11. *Ectocarpus siliculosus* (Braunalge). Verschiedengeschlechtliches Verhalten der äußerlich gleichen ♂ und ♀ Gameten beim Zusammenbringen. Gruppe mit in der Mitte festgesetzter ♀ Gamete umgeben von männlichen Gameten. Nach Hartmann.

Doch lassen sich in manchen Fällen die beiden Gametensorten auch dann noch äußerlich kenntlich machen. Wenn man z. B. bei dem Flagellaten *Dunaliella salina* eine der gametenliefernden Einzellkulturen (Klone) zuvor in phosphor- und

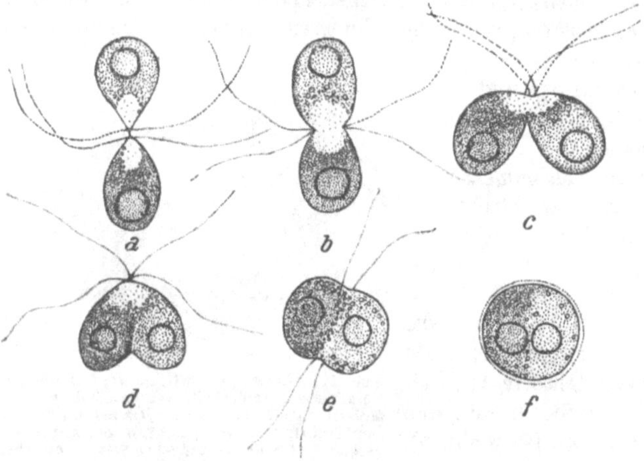

Abb. 12. *Dunaliella viridis* (Phytoflagellat). Kopulation von Isogameten, die durch Kultur des einen verschiedengeschlechtlichen Klones in stickstoff- und phosphorarmer Lösung rot geworden (dunkel) und dadurch sich von den Gameten des normalen grünen (hell) andersgeschlechtlichen Klons auch äußerlich durch verschiedene Farbe scharf unterscheiden. Nach Lerche.

stickstofffreier Lösung kultiviert, so verlieren die Flagellaten ihre grüne Färbung und werden rot (Carotinbildung). Da die Rotfärbung längere Zeit erhalten bleibt, kann man dann grüne und rote Gameten zusammenbringen. Dabei bilden sich Gruppen aus grünen und roten Gameten, wobei rote Gameten nur mit grünen kopulieren (Abb. 12).

Da in Fällen von Isogamie alle äußeren Anzeichen, welche der beiden Gametensorten männlich oder weiblich ist, fehlen, so bezeichnet man sie als +- und —-Gameten resp. Geschlechter. Bei den meisten Flagellaten (Geißeltiere), Algen und Pilzen, die in dieser Weise bisher näher untersucht wurden, handelt es sich meist um erbliche Bestimmung des Geschlechtes (s. Kap. III. 1 a). Doch kommt solch echte Zweigeschlechtlichkeit auch bei nichterblicher Geschlechtsbestimmung vor (Beispiel *Ectocarpus*).

Ebenso wie unter höheren Tieren und Pflanzen neben getrenntgeschlechtlichen Formen auch gemischtgeschlechtliche (zwittrige) weit verbreitet sind, kommt das auch unter Protisten

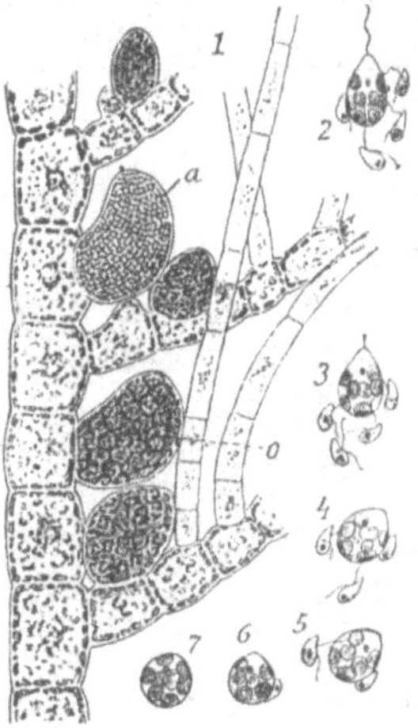

Abb. 13. *Giffordia secunda* (Braunalge). Zwittrige, stark anisogame Form. 1 Zweig mit Antheridien (a) und Oogonien (o), 2—7 Befruchtung nach Bornet und Sauvageau.

Abb. 14. *Stephanosphaera pluvialis* (Phytoflagellat). Gametenbildung u. Kopulation innerhalb der Elterkolonie (haplomonöcisch). Alle Gameten stammen von einer haploiden Zelle ab. Nach Hieronymus.

und Thallophyten vor. Wenn, wie z. B. bei der Braunalge *Giffordia*, die Gameten einer einzigen Pflanze deutlich als männliche Mikrogameten und weibliche Makrogameten (resp. Mikrogametangien und Makrogametangien) ausgebildet sind, so ist die Zweigeschlechtlichkeit auch hier ohne weiteres erkennbar (Abb. 13). Anders jedoch beim Fehlen jeglichen Unterschiedes. Wenn hier die Isogameten einer Pflanze oder eines Klons kopulieren (Abb. 14), so scheint es ja zunächst nicht möglich, zwei Sorten, +- und —-Gameten, zu unterscheiden. Aber auch hier gelang in einer Anzahl von Fällen der sichere Nachweis einer bipolaren Sexualität. Tritt bei den Gameten einer isolierten Pflanze oder eines Klons Kopulation auf, so kopulieren in der Regel nicht alle Gameten, sondern es

	1	4	5	7	8	9	11	14	19	2	3	6	10	12	13	15	16	17	18	20
1	0	0	0	0	0	0	0	0	0	Z	Z	Z	Z	Z	Z	Z	Z	Z	Z	Z
4	0	0	0	0	0	0	0	0	0	Z	Z	Z	Z	Z	Z	Z	Z	Z	Z	Z
5	0	0	0	0	0	0	0	0	0	Z	Z	Z	Z	Z	Z	Z	Z	Z	Z	Z
7	0	0	0	0	0	0	0	0	0	Z	Z	Z	Z	Z	Z	Z	Z	Z	Z	Z
8	0	0	0	0	0	0	0	0	0	Z	Z	Z	Z	Z	Z	Z	Z	Z	Z	Z
9	0	0	0	0	0	0	0	0	0	Z	Z	Z	Z	Z	Z	Z	Z	Z	Z	Z
11	0	0	0	0	0	0	0	0	0	Z	Z	Z	Z	Z	Z	Z	Z	Z	Z	Z
14	0	0	0	0	0	0	0	0	0	Z	Z	Z	Z	Z	Z	Z	Z	Z	Z	Z
19	0	0	0	0	0	0	0	0	0	Z	Z	Z	Z	Z	Z	Z	Z	Z	Z	Z
2	Z	Z	Z	Z	Z	Z	Z	Z	Z	0	0	0	0	0	0	0	0	0	0	0
3	Z	Z	Z	Z	Z	Z	Z	Z	Z	0	0	0	0	0	0	0	0	0	0	0
6	Z	Z	Z	Z	Z	Z	Z	Z	Z	0	0	0	0	0	0	0	0	0	0	0
10	Z	Z	Z	Z	Z	Z	Z	Z	Z	0	0	0	0	0	0	0	0	0	0	0
12	Z	Z	Z	Z	Z	Z	Z	Z	Z	0	0	0	0	0	0	0	0	0	0	0
13	Z	Z	Z	Z	Z	Z	Z	Z	Z	0	0	0	0	0	0	0	0	0	0	0
15	Z	Z	Z	Z	Z	Z	Z	Z	Z	0	0	0	0	0	0	0	0	0	0	0
16	Z	Z	Z	Z	Z	Z	Z	Z	Z	0	0	0	0	0	0	0	0	0	0	0
17	Z	Z	Z	Z	Z	Z	Z	Z	Z	0	0	0	0	0	0	0	0	0	0	0
18	Z	Z	Z	Z	Z	Z	Z	Z	Z	0	0	0	0	0	0	0	0	0	0	0
20	Z	Z	Z	Z	Z	Z	Z	Z	Z	0	0	0	0	0	0	0	0	0	0	0

Tabelle 2: *Stephanosphaera pluvialis* (Phytoflagellat). Kombination der Restgameten von 20 gemischtgeschlechtlichen Klonen 9 (1, 4, 5, 7, 8, 9, 11, 14, 19) gehören dem einen (+), 11 (2, 3, 6, 10, 12, 13, 15, 16, 17, 18, 20) dem andern Geschlecht (—) an. Nach Moewus.

bleibt ein größerer oder kleinerer Rest übrig. Kombiniert man nun die Restgameten verschiedener Pflanzen untereinander, so kopulieren dieselben, und zwar nach dem Zweierschema (Tab. 2), d. h. es sind zwei Sorten von Restgameten übrig-

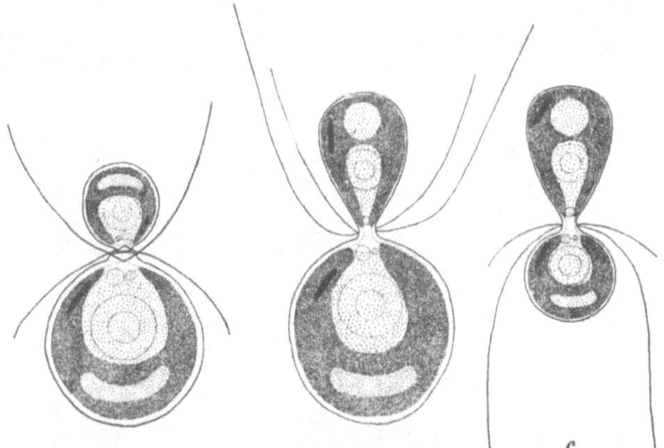

a b c

Abb. 15. Kreuzung der isogamen Restgameten der zwittrigen *Chlamydomonas synoica* mit der genotypisch getrenntgeschlechtlichen anisogamen *Chlamydomonas braunii* (Phytoglagellaten). a anisogame Kopulation von *Chlamydomonas braunii*. c Kopulation einer +-Gamete von *Chlamydomonas synoica* mit einer männlichen Androgamete von *Chlamydomonas braunii*. b Kopulation einer —Gamete von *Chlam. synoica* mit einer weiblichen Gynogamete von *Chlamydomonas braunii*.

geblieben, in einer Anzahl von Schalen nur +- und in einer anderen Anzahl nur —-Gameten. Durch Kreuzung von +- und —-Restgameten einer zwittrigen *Chlamydomonas*-Art (*Chl. synoica*) (Flagellat, Geißeltierchen) mit +- und —-Gameten einer erblich getrenntgeschlechtlichen (*Chl. eugametos*) konnte dieses Ergebnis noch vervollständigt werden. Schließlich konnten durch Kreuzung dieser beiden Arten mit der erblich getrenntgeschlechtlichen anisogamen Art *Chl. Braunii* die +-Gameten und -Restgameten als die weiblichen, die —-

Gameten und -Restgameten als die männlichen erkannt werden. Denn die —-Gameten (resp. Restgameten) kopulierten nur mit den Makrogameten, die +-Gameten (resp. Restgameten, nur mit den Mikrogameten (Abb. 15). Da die Bezeichnung der +- und —-Stämme ganz willkürlich ist, könnten genau so gut bei andern Arten sich die als + bezeichneten Gameten als männliche, die als — bezeichneten Gameten als weibliche erweisen.

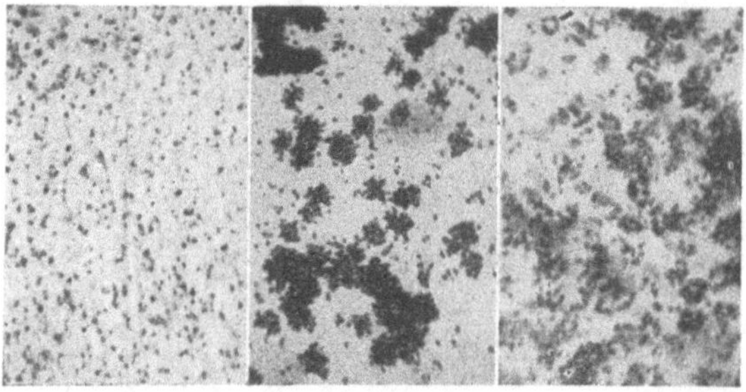

a b c

Abb. 16. *Chlamydomonas eugametos* (Phytoflagellat). a Gameten vom einen Geschlecht (+ = Gameten). b dieselben nach Zufügen der Gameten des andern Geschlechts (— Gameten); normale Gruppenbildung. c Gameten nach Zufügen der Stoffe des andern Geschlechts. Anormale Gruppenbildung (ohne Kopulation) zwischen Gameten desselben Geschlechts. Nach Moewus.

Von besonderer Wichtigkeit ist noch der Umstand, daß die diöcischen anisogamen wie isogamen Gameten noch eine scharfe physiologische Verschiedenheit aufweisen, indem sie zwei geschlechtsverschiedene Stoffe ausscheiden, deren Vorhandensein die Voraussetzung für die Gruppenbildung und Kopulation freibeweglicher Gameten ist. Durch Filtrieren mittelst Membranfilter oder durch Zentrifugieren kann man die Gameten von der sie enthaltenden Flüssigkeit trennen und die Wirkung dieser Stoffe feststellen (Abb. 16). Es ergab sich, daß die spezifischen Geschlechtsstoffe von *Chlamydomonas eugametos* f. *simplex* verschiedene Mischungen von Isomeren[1]) des gleichen Grundstoffes sind, der zu den in den Organismen auch in anderer Hinsicht wichtigen Carotinoiden (gelbe Farbstoffe) gehört. Der weibliche (+) Stoff besteht aus 3 Teilen cis-Crocetindimethylester und 1 Teil trans-Crocetindimethylester, der männliche (—) Stoff umgekehrt aus 1 Teil cis- und 3 Teilen trans-Crocetindimethylester. Als weibliche und männliche Sexualstoffe sind sie bei *Chl. eugametos* f. *simplex* nur in dem genannten Mischungsverhältnis von 3 cis : 1 trans (♀) resp. 1 cis: 3 trans (♂) wirksam, und zwar noch in einer Verdünnung von 1:33 Milliarden. Zur Gruppenbildung und Kopulation müssen beide Stoffe (resp. Stoffgemische), die weiblichen +- und männlichen —-Stoffe vorhanden sein. Diese neuen chemisch-biologischen Befunde haben weiterhin dazu geführt, die Sexualitätserscheinungen der Algen und Protisten stofflich zu erklären (s. S. 95 u. f.).

Durch den Nachweis dieser Stoffe ist mit Sicherheit gezeigt, daß zwei geschlechtsspezifische Stoffe resp. Stoffgemische von den beiden Sorten abgesondert werden, also männliche und weibliche physiologische Geschlechtsmerkmale sich dadurch erfassen lassen. Auch für isolierte Restgameten monöcischer isogamer Formen konnten in der Kulturflüssigkeit geschlechtsspezifische Stoffe (+- und —-Stoffe) nachgewiesen werden, die wie bei erblich-getrenntgeschlechtlichen Formen die Anziehung, Gruppenbildung und Kopulation der Gameten bewirken. Das Vorkommen derartiger geschlechtsspezifischer, von den Gameten ausgeschiedener Stoffe ist nicht auf die freibeweglichen Gameten beschränkt, auch für die ruhenden Gameten resp. Gametangien von Pilzen sowie für die Geschlechtszellen der Metazoen ist ihr Vorhandensein von solchen nachgewiesen.

[1]) Isomere sind Moleküle von gleicher chemischer Zusammensetzung, bei denen aber gewisse Atomgruppen eine andere Anordnung im Molekülbau aufweisen.

Diesen spezifischen Geschlechtsstoffen niederer Organismen sind die schon länger bekannten Stoffe gleichzuordnen, die von tierischen Eiern abgeschieden werden (Seeigel, marine Würmer, Mollusken, Fischen). Bei diesen werden stets 2♀ und 2♂ Stoffe ausgeschieden, deren richtiges quantitatives Verhältnis für die Befruchtung notwendig ist. Sie werden allgemein als Befruchtungshormone oder Gamone bezeichnet. Näheres über diese Stoffe findet sich in dem Bändchen von Hämmerling, „Fortpflanzung im Tier und Pflanzenreich".

III. Die 4 Typen der Geschlechtsverteilung und Geschlechtsbestimmung.

Wie S. 13/14 ausgeführt wurde, lassen sich vier Haupttypen der Verteilung und Bestimmung des Geschlechts im ganzen Organismenreich unterscheiden, zwei, die streng erblich festgelegt sind, genotypische Geschlechtsbestimmung, und zwei nichterbliche, phaenotypische Geschlechtsbestimmungen. Es hat den Anschein, als ob die nichterbliche Geschlechtsbestimmung die phylogenetisch ursprüngliche ist, da sie ihre größte Verbreitung bei Protisten und Thallophyten, teilweise auch Samenpflanzen und niederen Metazoen aufweist, während bei höheren Metazoen (Insekten und Wirbeltieren) fast ausschließlich genotypische Geschlechtsbestimmung vorkommt. In neuerer Zeit ist aber überraschender Weise auch für viele Flagellaten, Algen und Pilze mit völliger morphologischer Isogamie genotypische Geschlechtsbestimmung nachgewiesen, und es ließ sich durch Kreuzungsexperimente zeigen, daß ein großer Teil der nichterblichen Geschlechtsbestimmung sekundär auf dem Vorhandensein bestimmter sexueller Erbfaktoren von gleicher Stärke beruht. Es scheint daher zweckmäßiger, die genotypische Geschlechtsbestimmung an den Anfang unserer Darstellung zu stellen, da auf diese Weise leichter ein richtiges Verständnis der Vorgänge gewonnen werden kann.

1. Die erbliche, genotypische Geschlechtsbestimmung bei Pflanzen und Tieren.

Eine erbliche oder genotypische Geschlechtsbestimmung liegt dann vor, wenn bestimmte Erbfaktoren oder Gene, männliche und weibliche Geschlechtsbestimmer oder Geschlechtsrealisatoren in der Weise wirksam sind, daß sowohl bei den Gameten wie den sie bildenden Geschlechtsorganismen in der Regel nur die Eigenschaften des einen Geschlechtes zur Entfaltung kommen. Je nachdem, ob die Wirkung dieser Geschlechtsbestimmungsgene sich nur auf die Gameten und die Haplophase erstreckt, oder ob bei Diplonten (und Diplohaplonten) auch die ganze Diplophase bereits sexuell determiniert ist, handelt es sich dabei um einen ganz verschiedenen genetischen Mechanismus, so daß man zwei scharf getrennte Typen der erblichen Geschlechtsbestimmung unterscheiden muß, die haplogenotypisehe und diplogenotypische Geschlechtsbestimmung.

a) Haplogenotypische Geschlechtsbestimmung.

Die haplogenotypische Geschlechtsbestimmung vollzieht sich in der Weise, daß durch die Reduktionsteilung bestimmte Erbfaktoren oder Gene verteilt werden. Durch die Verteilung verschiedener Gene wird bewirkt, daß der bis dahin zwittrige diploide Zustand des Organismus zerlegt wird und so zur Hälfte haploide Zellen mit männlicher, zur Hälfte solche mit weiblicher Tendenz gebildet werden. Die durch die Reduktionsteilung gebildeten Zellen werden ganz allgemein als Gonen bezeichnet.

Eine haplogenotypische Geschlechtsbestimmung ist zuerst für gewisse Pilze (Mucorineen) und Moose nachgewiesen worden; doch hat sich in den letzten Jahren herausgestellt, daß sie bei niederen Organismen, speziell Algen und Pilzen, außerordentlich weit verbreitet ist. Auch unter Protozoen kommt sie vielfach vor. Überraschenderweise wurde festgestellt, daß sehr viele Formen, die morphologisch völlig isogam sind, bereits eine genetisch strenge Geschlechtstrennung aufweisen. Das gilt vor allem für eine große Anzahl von Volvocineen (grüne Flagellaten), Grünalgen und Pilzen.

Bei diesen isogamen Formen wurde durch die schon oben erwähnten kombinierten Befruchtungsversuche die scharfe Trennung in zwei verschiedene Geschlechter aufgezeigt. In

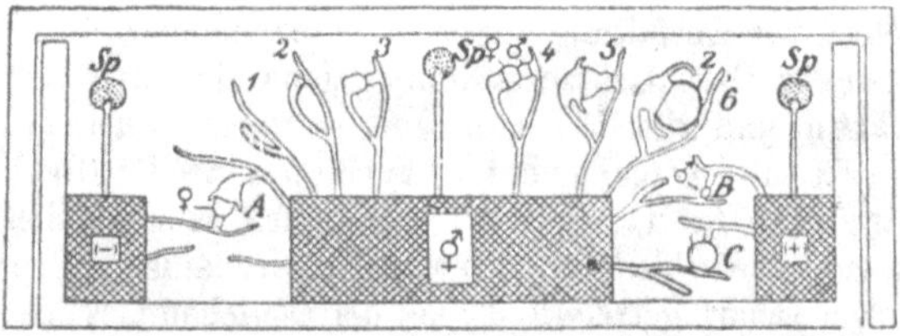

Abb. 17. Schematische Darstellung der Kreuzung des getrenntgeschlechtlichen *Mucor V* mit der gemischtgeschlechtlichen *Absidia spinosa* (Pilze). A das Oogon der gemischtgeschlechtlichen *Absidia* kopuliert mit dem — Mycel. B das Antheridium (♂) mit dem + Mycel von *Mucor V*. C Zygote, Sp Sporangium, 1—6 Stadien der Gametangienkopulation der zwittrigen *Absidia*. Nach Blakeslee.

den meisten Fällen ist eine Identifizierung der morphologisch gleichen +- und —-Geschlechter von Protisten, Algen und Pilzen nicht möglich. Bei gewissen isogamen Mucorineen konnte man aber nach Kreuzung der isogamen getrenntgeschlechtlichen Formen mit anisogamen gemischtgeschlechtlichen Arten die —-Mycelien als männlich, die +-Mycelien als weiblich bestimmen (Abb. 17). In ähnlicher Weise ist das neuerdings auch durch Kreuzung von isogamen *Chlamydomonas*-Arten (Flagellaten) mit einer anisogamen Art möglich gewesen (s. Abb. 15, S. 25). Bei den Brandpilzen konnten wenigstens sekundäre Geschlechtsmerkmale festgestellt werden, bei vielen Algen die oben bereits geschilderten +- und —-Stoffe, die die Gruppenbildung und Kopulation bewirken.

Die Feststellung einer strengen Getrenntgeschlechtlichkeit an diesen niederen Formen sprach schon für eine erbliche Festlegung der Geschlechtsbestimmung, zumal es sich bei diesen Formen um reine Haplonten handelt. Wirklich bewiesen werden kann daß aber nur durch die Prüfung der vier aus der Reduktionsteilung hervorgegangenen Zellen (Gonen), resp. deren Nachkommen, auf ihr Geschlecht hin (Abb. 18). Kulturen von Nachkommen der getrennt gezüchteten vier einzelnen Zellen ergeben bei erblicher Geschlechtsbestimmung keine Kopulation, alle Zellen eines solchen Klons gehören nur einem einzigen Geschlecht an und auch bei Auslösung von Gametenbildung können sie nicht miteinander kopulieren. Unter Kulturen, die von den vier einzeln isolierten Gonosporen ausgehen, erweisen sich aber bei der Kombination immer zwei als +-, zwei als —-Stämme (Tab. 3). Damit ist eindeutig gezeigt, daß durch die Reduktionsteilung, also die

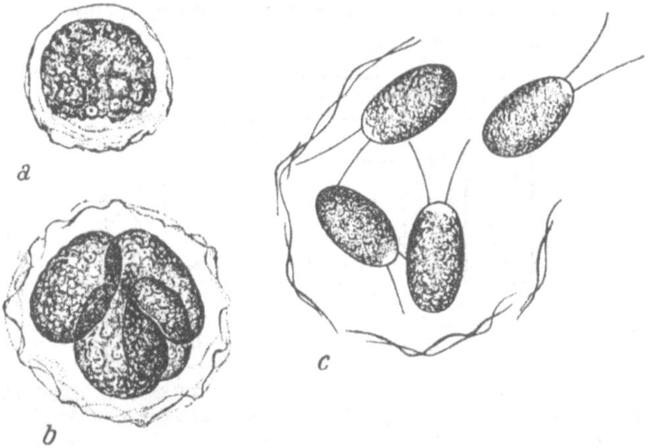

Abb. 18. Keimung von *Chlamydomonas eugametos* (Phytoflagellat). a Zygote, b Zwei- und Vierteilung (Reduktion), c Freiwerden der vier haploiden Zoosporen (Gonen).

Verteilung ganzer homologer Chromosomen, die Aufspaltung in zwei +- und zwei —-Stämme erfolgt. Bei *Chlamymydomonas eugametos* (Flagellat) können sogar bereits die aus der Zygote hervorgehenden vier Zoosporen paarweise kopulieren, sind also 2 +- und 2 —-Gameten. Ähnliches kommt auch bei Brandpilzen vor.

	(+)	(—)	K_1	K_2	K_3	K_4
(+)			Z	Z	0	0
(—)			0	0	Z	Z
K_1	Z	0	0	0	Z	Z
K_2	Z	0	0	0	Z	Z
K_3	0	Z	Z	Z	0	0
K_4	0	Z	Z	Z	0	0

Tabelle 3: *Chlamydomonas eugametos* (Phytoflagellat) Kombination der 4 bei der Keimung entstandenen Gonen (resp. deren Nachkommen, K_1—K_4) unter sich und mit einem + und — Teststamm. Gonenanalyse. Nach Moewus.

Die durch die Reduktionsteilung herbeigeführte genetische Geschlechtstrennung wird durch Hunderte und Tausende von ungeschlechtlichen Fortpflanzungsvorgängen bei haploiden niederen Organismen streng festgehalten. So ist bei der Volvocinee *Eudorina elegans* (Flagellat) im Laufe von 26 Jahren ein weiblicher Klon rein ungeschlechtlich weitergezüchtet worden, wobei seine weibliche Tendenz während dieser Tausenden (etwa 10000) von ungeschlechtlichen Fortpflanzungsakten erhalten blieb. Entsprechende Versuche liegen auch für einen männlichen Klon vor (über 15 Jahre). Bei Formen mit deutlicher Anisogamie oder Oogamie (Braun- und Rotalgen, Moose) läßt sich natürlich die genotypische Geschlechtsbestimmung viel einfacher feststellen, da aus den vier Zoosporen (Gonen) einer Sporenmutterzelle stets zwei männliche und zwei weibliche Pflänzchen entstehen.

Bei den getrenntgeschlechtlichen Moosen haben sich Unterschiede an einem zusammengehörigen homologen Chromosomenpaar auffinden lassen. Diese Chromosomen werden als Geschlechtschromosomen bezeichnet, da sie offenbar mit der Geschlechtsbestimmung zusammenhängen. Ähnliche cytologische Verhältnisse sind von diploiden Tieren seit langem bekannt, doch müssen die beiden Arten von Geschlechtschromosomen, wie wir weiterhin sehen werden, in ihrer Bedeutung für die Geschlechtsbestimmung ganz verschieden beurteilt werden. In den diploiden Sporenpflanzen von Moosen findet sich ein von den übrigen Chromosomen, den sog. Autosomen, abweichendes Paar, das vor allem unter sich — und das ist das wesentliche — stark verschieden ist. Man spricht hier von *X* und *Y*-Chromosomen. Bei der Reduktionsteilung wird dieses ungleiche Paar wie die anderen Chromosomen reduktionell verteilt, so daß die eine Hälfte der Zoosporen (Gonen) ein *X*-Chromosom, die andere ein *Y*-Chromosom erhalten. Dementsprechend haben die daraus hervorgehenden haploiden Geschlechtspflanzen zur Hälfte ein großes *X*-Chromosom, die anderen ein kleineres *Y*-Chromosom. Erstere sind die weiblichen, letztere die männlichen

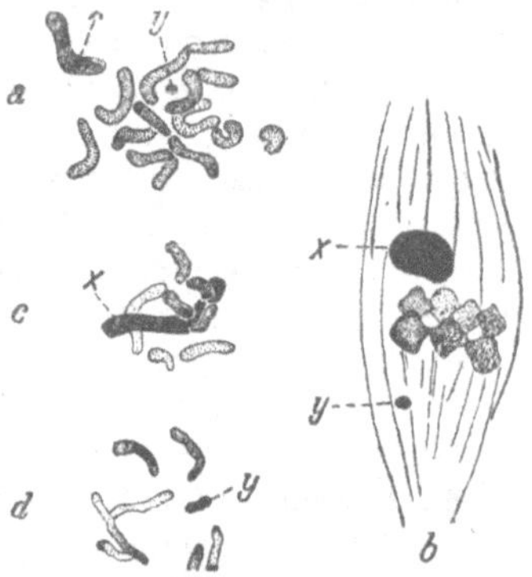

Abb. 19. XY-Chromosomen von Moosen a Diploide Chromosomenplatte mit X- und Y-Chromosom aus einem jungen Sporogon von *Sphaerocarpus terrestris*, b Reduktionsteilung von *Sphaerocarpus terrestris*. c, d *Sphaerocarpus Donellii*. c Chromosomengarnitur mit dem X-Chromosom eines weiblichen, d Chromosomengarnitur mit dem Y-Chromosom eines männlichen Pflänzchens. Nach Lorbeer und Allen.

haploiden Pflänzchen (Abb. 19). Der Schluß liegt nahe, daß in diesen XY-Chromosomen die Geschlechtsfaktoren liegen.

Der Vorgang der haplogenotypischen Geschlechtsbestimmung vollzieht sich bei Protisten, Algen, Pilzen und getrenntgeschlechtlichen Moosen offenbar in der gleichen Weise, auch wenn morphologisch verschiedene Geschlechtschromosomen nicht erkennbar sind: Die diploide Phase hat zwittrige Tendenz, was an Moosen und Algen durch spontan aufgetretene oder experimentell hergestellte diploide, zwittrige Geschlechtspflanzen sichergestellt ist. Beim Übergang von der Diplo- zur Haplophase erfolgt die Verteilung und Bestimmung der Geschlechter durch die Reduktionsteilung, wobei zwei in einem Chromosomenpaar gelegene Gene auf zwei Zellen verteilt werden. Die haploide Phase hat dann eine weibliche oder männliche Tendenz.

Es wird allgemein angenommen, und wir werden später nähere Beweise dafür noch kennenlernen, daß durch diese Gene nicht die eigentlichen Potenzen für Weiblichkeit und Männlichkeit verteilt werden, sondern daß auch in den getrenntgeschlechtlichen Haplophasen die Potenzen für die beiden Geschlechter vorhanden sind. Was verteilt wird, sind geschlechtsbestimmende Erbfaktoren oder Geschlechtsrealisatoren. Sie bewirken, daß von den beiden Geschlechtspotenzen in der getrenntgeschlechtlichen Haplophase jeweils nur die eine zur Entfaltung kommen kann.

Wir bezeichnen nun ganz allgemein die Potenzen für Männlichkeit und Weiblichkeit mit **A** und **G** (wobei vollkommen unbestimmt bleibt, was diese beiden Fähigkeiten sind), den Realisator, der die weibliche Tendenz bestimmt, also die weiblichen zur Entfaltung bringt, resp. die männlichen Potenzen in ihrer Entfaltung hemmt, mit **F**, den Realisator für die männliche Tendenz mit **M**. Man kann dann die haplogenotypische Geschlechtsbestimmung durch folgendes Schema zum Ausdruck bringen (Abb. 20).

Bei dem Typus der haplogenotypischen Geschlechtsbestimmung wird demnach angenommen, daß jedes differenzierte Geschlecht und die Geschlechtszellen selbst auch die Potenzen für die Ausbildung des entgegengesetzten Geschlechts tragen. Daß das so ist, zeigen besonders deutlich die bei Algen und Pilzen vielfach vorkommenden Erscheinungen der sog. relativen Sexualität. Als **relative Sexualität** bezeichnet man das Vorhandensein sexueller Verschiedenheiten innerhalb eines Geschlechtes, Unterschiede in der Stärke des betr. Geschlechts, die im Extremfall dazu führen können, daß ein normaler-

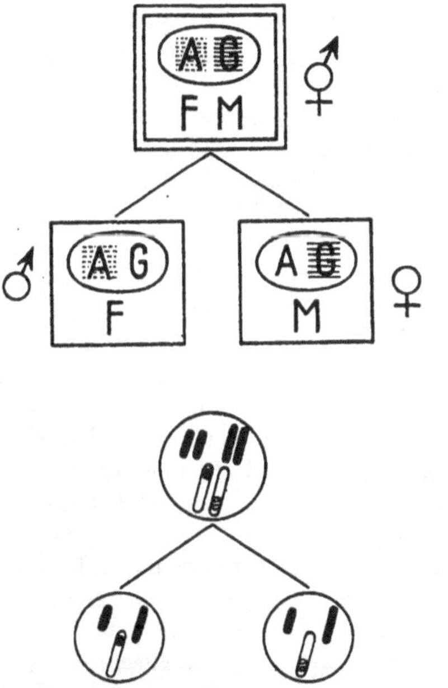

Abb. 20. Schema der haplogenotypischen Geschlechtsbestimmung. Dem Schema liegt die Auffassung zugrunde, daß in der Diplophase nur ein Paar Realisatoren vorhanden ist und durch die Reduktion der ♂ Realisator (M) dem ♂, der ♀ Realisator (F) dem ♀ Gametophyt zugeteilt wird. Die Anwesenheit des ♂ Realisators (M) läßt die ♀ Potenzen (G) nicht zur Entfaltung gelangen (ausgedrückt durch die ausgezogenen Linien durch G), die des ♀ Realisators (F) umgekehrt die ♂ Potenzen A (ausgedrückt durch die gestrichelten Linien durch A). Dabei ist der Einfachheit wegen angenommen, daß die Potenzen des entgegengesetzten Geschlechts völlig gehemmt werden (G und A ganz durchstrichen). Darunter schematisch die Chromosomenverhältnisse. Autosomen schwarz, Geschlechtschromosomen hell; die dunkeln Stellen in letzteren deuten die verschieden gelegenen F. und M-Realisatoren an. Nach Hartmann.

weise weiblicher Gamet A sich gegenüber einem männlichen Gameten B als weiblich, gegenüber einem stärker weiblichen Gameten C jedoch als männlich verhalten kann. Sie wurde zuerst bei der phänotypisch getrenntgeschlechtlichen Braunalge *Ectocarpus siliculosus* nachgewiesen, später jedoch auch bei genotypisch getrenntgeschlechtlichen Algen und Pilzen. So konnten z. B. unter den Klonen von *Chlamydomonas paupera* (Flagellat) drei Sorten von +- und —-Formen festgestellt werden, solche, die starke (3), mittelstarke (2) und schwache (1) Gameten liefern. Die Tab. 4 zeigt die Kombination von 18 verschiedenen Klonen. Die starken Gameten des einen Geschlechts geben mit allen Gameten des andern Geschlechts große Gruppen von 100—150 Gameten (3). Die schwachen Gameten, miteinander kombiniert, geben kleinere Gruppen von nur 25—35 Gameten (2). Außer diesen normalen Gruppen und Gametenkopulationen von +- und —-Gameten gibt es aber auch Gruppen- und Gametenkopulation von starken + -Gameten mit den schwachen + -Gameten oder den starken —-Gameten mit den schwachen —-Gameten, also Kopulation zwischen Gameten desselben Geschlechtes. Dabei treten aber nur ganz kleine 5—10-zellige Gruppen auf (1). Wie aus der Tabelle ersichtlich, kopulieren die schwachen + -Klone Nr. 8 und 10 und der schwache —-Klon Nr. 15 mit den starken + -Klonen Nr. 1, 9, 13, 18 resp. —-Klonen Nr. 2, 3, 14, 16, zeigen also hierbei das Verhalten des entgegengesetzten Geschlechtes. Damit ist die bisexuelle Potenz dieser erblich geschlechtsgetrennten Haplonten bewiesen. Auch für andere Flagellaten, Grün-, Braun- und Rotalgen, sowie Pilze und Moose liegen Beweise für die bisexuelle Potenz der getrenntgeschlechtlichen Haplonten vor. Das folgende Schema zeigt, wie man sich das Zustandekommen der relativen Sexualität auf Grund der allgemeinen bisexuellen Potenz und der Wirkung von männlichen und weiblichen Geschlechtsrealisatoren von verschiedener Stärke vorstellen kann (Abb. 21).

		+³				+²				+¹		—¹	—²			—³			
		1	9	13	18	5	6	12	17	8	10	15	4	7	11	2	3	14	16
+³	1	0	0	0	0	0	0	0	0	1	1	3	3	3	3	3	3	3	3
	9	0	0	0	0	0	0	0	0	1	1	3	3	3	3	3	3	3	3
	13	0	0	0	0	0	0	0	0	1	1	3	3	3	3	3	3	3	3
	18	0	0	0	0	0	0	0	0	1	1	3	3	3	3	3	3	3	3
+²	5	0	0	0	0	0	0	0	0	0	0	3	3	3	3	3	3	3	3
	6	0	0	0	0	0	0	0	0	0	0	3	3	3	3	3	3	3	3
	12	0	0	0	0	0	0	0	0	0	0	3	3	3	3	3	3	3	3
	17	0	0	0	0	0	0	0	0	0	0	3	3	3	3	3	3	3	3
+¹	8	1	1	1	1	0	0	0	0	0	0	2	3	3	3	3	3	3	3
	10	1	1	1	1	0	0	0	0	0	0	2	3	3	3	3	3	3	3
—¹	15	3	3	3	3	3	3	3	3	2	2	0	0	0	0	1	1	1	1
—²	4	3	3	3	3	3	3	3	3	3	3	0	0	0	0	0	0	0	0
	7	3	3	3	3	3	3	3	3	3	3	0	0	0	0	0	0	0	0
	11	3	3	3	3	3	3	3	3	3	3	0	0	0	0	0	0	0	0
—³	2	3	3	3	3	3	3	3	3	3	3	1	0	0	0	0	0	0	0
	3	3	3	3	3	3	3	3	3	3	3	1	0	0	0	0	0	0	0
	14	3	3	3	3	3	3	3	3	3	3	1	0	0	0	0	0	0	0
	16	3	3	3	3	3	3	3	3	3	3	1	0	0	0	0	0	0	0

Tabelle 4: Die Geschlechtsreaktion zwischen den verschieden starken +- und —-Rassen von *Chl. paupera* (grüner Flagellat). 3—1 Gruppenbildung und Kopulation, 0 keine Gruppen und keine Kopulation, 3 Gruppen von 100—150 Gameten, 2 Gruppen von 25—35 Gameten, 1 Gruppe von 5—10 Gameten (relative Sexualität). Aus Hartmann nach Moewus.

Kreuzungen und Gonenanalysen verschiedener Rassen resp. Arten von Flagellaten (*Polytoma*, *Chlamydomonas*), Algen (*Protosiphon*), Pilzen (*Glomerella*, *Sordaria*) haben nun das überraschende Ergebnis gebracht, daß die Geschlechtsbestimmungsgene **F** und **M**, die bei der haplogenotypischen Geschlechtsbestimmung durch die Reduktionsteilung getrennt werden, zwar in homologen Chromosomen liegen, aber keine einander entsprechenden Gene, sog. Allele, darstellen, vielmehr an ver-

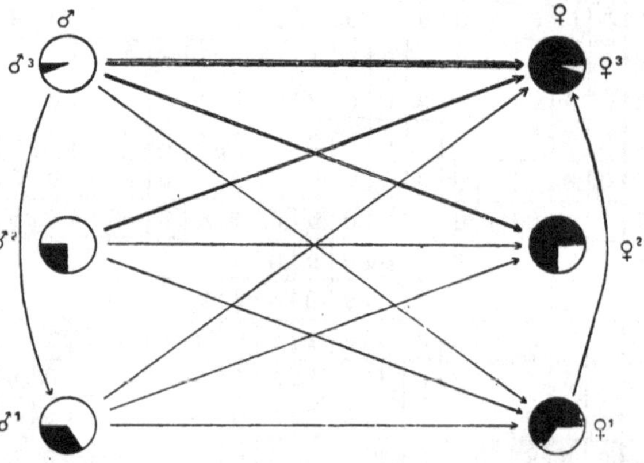

Abb. 21. Schema zur Veranschaulichung der Versuche über relative Sexualität. Weiß bedeutet den männlichen, schwarz den weiblichen Anteil an Geschlechtssubstanzen in den Gameten; links männliche, rechts weibliche Gameten. Die ausgezogenen Linien bedeuten positive Reaktion und zwar 3 Striche starke, 2 Striche mittelstarke, 1 Strich schwache. Die Richtung der Pfeile deutet das geschlechtliche Verhalten an, und zwar verhält sich jeder Gamet, auf den der Pfeil deutet, als weiblich zudem, von dem der Pfeil ausgeht.
Nach M. Hartmann.

schiedenen Stellen des Chromosoms lokalisiert sind. Prüft man nämlich eine große Anzahl von Zygotenkeimlingen, sowohl von normalen wie Kreuzungszygoten, auf ihr Geschlecht, so ergibt sich zwar, daß in den meisten Fällen eine normale Aufspaltung in 50% + und in 50% — stattgefunden hat, daß daneben aber auch ein für die betr. Formen resp. Kreuzungen ganz bestimmter Prozentsatz von Ausnahmen auftritt, und zwar entweder Zwitter oder Formen von anderer, und zwar geringerer Geschlechtsstärke. So gibt es bei *Protosiphon botryoides* (Grünalge) ebenso wie das oben für *Chlamydomonas paupera* (Flagellat) geschildert wurde, mehrere diöcische Rassen von verschiedener Stärke der +- und —- oder F- und M-Gene, daneben aber auch noch eine Anzahl gemischtgeschlechtlicher monöcischer Rassen, die ebenfalls wieder verschiedene Stärke besitzen können. Bei der Prüfung einer großen Anzahl Zygoten der diöcischen Rasse M mit der Geschlechtsstärke (Valenz) 2 (F_2M_2), traten, neben der normalen Aufspaltung in 50% $+^2$ und 50% $-^2$ Formen, 3% monöcischer, zwittriger Ausnahmen auf, und zwar, wie die Prüfung der Restgameten ergibt, von derselben Geschlechtsstärke 2. Der entsprechende Versuch bei der schwachen diöcischen Rasse K von der Valenz F_1 und M_1 ergibt ebenfalls einen gewissen Prozentsatz von Ausnahmezwittern, jedoch von der Valenz 1. Nun wissen wir aus der Vererbungslehre, daß solche Ausnahmen von der normalen Aufspaltung in bestimmtem Prozentsatz durch sog. Faktorenaustausch zustandekommen, wobei Stücke homologer Chromosomen, die verschiedene Gene enthalten, gegenseitig ausgetauscht werden. (Wie das geschieht, kann hier nicht näher erörtert werden; es sei auf das Bändchen Vererbung hingewiesen.) Nach diesen Erfahrungen muß angenommen werden, daß auch die Ausnahmezwitter in dem vorliegenden Falle durch derartigen Faktorenaustausch entstehen. Dann können aber die Geschlechtsrealisatoren F und M nicht, wie ursprünglich angenommen wurde, sog. Allele sein, d. h. Erbfaktorenpaare, die in den homologen Chromosomen an derselben Stelle liegen, sondern es müssen Gene sein, die an verschiedenen Orten des langgestreckten Chromosoms angeordnet sind. Der eine Tochterkern erhält nach der Reduktionsteilung ein Chromosom mit dem F- und M-Realisator zugleich, während das entsprechende homologe Chromosom des andern Kerns nun keinen Realisator mehr besitzt (Abb. 22). Der Kern ohne Geschlechtsrealisator geht dann zugrunde, was mit den cytologischen Befunden übereinstimmt (Abb. 23). Nach der 1. Reifeteilung teilt sich nämlich in den sich entwickelnden Ausnahmezygoten der eine der beiden Tochterkerne nicht, wie es normalerweise geschieht, sondern er degeneriert und geht später zugrunde (Abb. 23). Die aus

Abb. 22. Schema des Faktorenaustausches. F u. M kommen in ein Chromosom.

solchen Zygoten hervorgehenden Nachkommen sind dann alle von einem Geschlecht, und zwar Ausnahmezwitter, während sonst die Abkömmlinge einer Zygote, wie wir oben sahen, zur

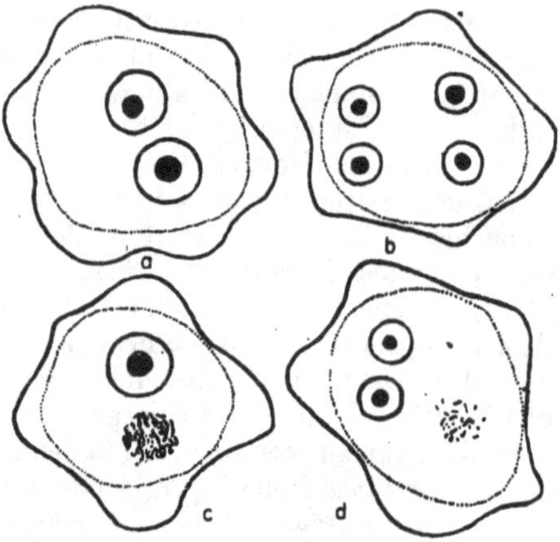

Abb. 23. *Protosiphon botryoides* (haploide Grünalge). Keimende Zygoten der Kreuzung $F^2_n \times M^2_n$. a Zweikernige Zygote. b Vierkernige normale Zygote. c Zweikernige Zygote mit einem lebensfähigen Kern, der andere degeneriert. d Dreikernige Zygote mit zwei normalen Kernen und einem nur noch schwach färbbaren, degenerierten Kern. Plasma nicht eingezeichnet. Nach Moewus.

Hälfte dem +-, zur Hälfte dem —-Geschlecht angehören. Die durch Faktorenaustausch in der eben geschilderten Weise zustandegekommenen Zwitter stimmen hinsichtlich ihres

Sexualitätsverhältnisses vollkommen überein mit den zwittrigen Rassen F (Stärke 2) und P (Stärke 1), die aus der freien Natur gezüchtet worden waren. Das Schema der Abb. 24 läßt erkennen, wie die Ausnahmezwitter entstehen und wie sie sich bei weiteren Kreuzungen verhalten. Dieses weitere Verhalten konnte auf Grund der Erklärung ihres Zustandekommens durch Faktorenaustausch vorausgesagt werden.

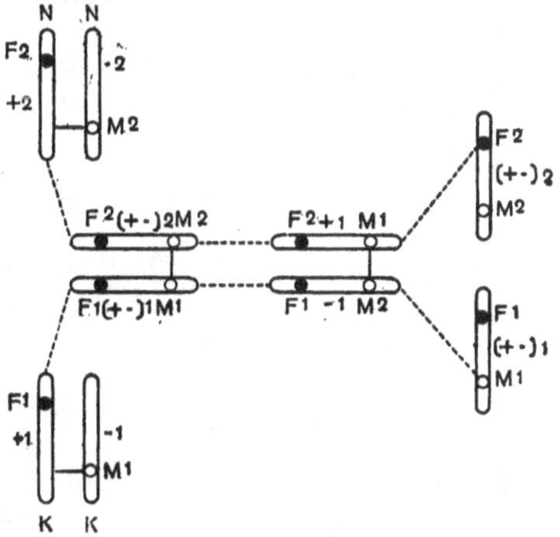

Abb. 24. *Protosiphon botryoides* (haploide Grünalge). Entstehung der Ausnahmezwitter durch Faktorenaustausch bei Kombination der geschlechtsverschiedenen Klone der Rasse N und der Rasse K. (Links oben und unten). Bei der Kreuzung der zwittrigen Ausnahmeklone mit der Valenz 2 und 1 entstehen als Ausnahmen getrenntgeschlechtliche Klone mit F^2M und F^1M^2 (in der Mitte rechts). Werden diese miteinander kombiniert ,dann entstehen wieder zwittrige Ausnahmeklone mit der Valenz 2 und 1 (rechts). Nach Moewus.

Auf demselben Wege, nämlich durch Faktorenaustausch können aber bei Kreuzungen der +- und —-Restgameten von Zwittern, gleichgültig ob es Stämme aus der Natur sind oder ob sie experimentell als Ausnahmen in der eben beschriebenen Weise zustande gekommen waren, wieder getrenntgeschlechtliche Rassen entstehen. Benutzt man zu diesen Kreuzungen die Restgameten von zwittrigen Rassen von verschiedener Stärke, so treten neben den normalen Ausgangszwittern getrenntgeschlechtliche Ausnahmen auf, die aber eine geringere Geschlechtsstärke besitzen. Hier sind durch Faktorenaustausch die F- und M-Faktoren von verschiedener Stärke gegenseitig ausgetauscht, so daß in einem Chromosom nun ein F-Gen von der Stärke 2 ($+^2$) und zugleich ein M-Gen von der Stärke 1 ($-^1$) vorhanden ist, im andern Falle ein F-Gen von der Stärke 1 ($+^1$) und ein M-Gen von der Stärke 2 ($+^2$). Bei Vorhandensein zweier verschiedener Geschlechtsrealisatoren von verschiedener Stärke ergibt sich die Geschlechtsstärke dieser neuen Kombination aus dem Verhältnis der beiden entgegengesetzten Stärken, d. h. $+2-1=+1$ resp. $-2+1=-1$ (Abb. 24 und 25). Weitere Kreuzungen bestätigen diese Auffassung.

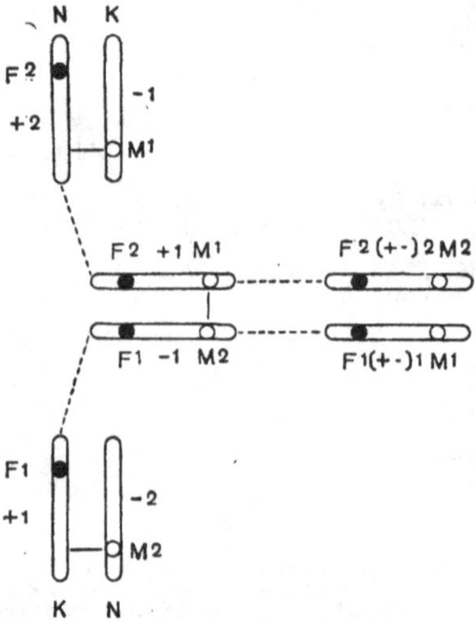

Abb. 25. *Protosiphon botryoides* (haploide Grünalge). Entstehung der diöcischen Ausnahmen (F^2M^1) und (F^1M^2) durch Faktorenaustausch bei der Kreuzung der Rassen K (F^1, M^1) und N (F^2, M^2). Bei Kreuzung dieser Ausnahmeklone entstehen als Ausnahmen durch Faktorenaustausch monöcische Klone mit der Valenz 2 und 1. Nach Moewus.

Auch für Moose und Pilze mit haplogenotypischer Geschlechtsbestimmung liegen vielfache Erfahrungen vor, die für eine verschiedene Stärke der F- und M-Faktoren sprechen. Besonders bei manchen Pilzen (*Sordaria*) sind entsprechende Befunde nachgewiesen worden.

Die Erscheinungen der relativen Sexualität und die verschiedenen Geschlechtsstärken (Valenzen), die ihnen zugrunde liegen, haben durch neueste Untersuchungen über die Befruchtungsstoffe (Gamone) der *Chlamydomonas eugametos*-Gruppe (s.

S. 26, 27) eine chemische Erklärung gefunden. Seite 27 haben wir gehört, daß der weibliche Sexualstoff von *Chlamydomonas eugametos* f. *simplex* aus 3 Teilen cis- und 1 Teil trans-Carotinoid, der männliche Sexualstoff aus 1 Teil cis- und 3 Teilen trans-Carotinoid besteht. Beide stellen nur verschiedene Zustände desselben Farbstoffmoleküls (cis- und trans-Zustand eines Carotinoids, des Crocetindimethylesters) dar. Es gibt nun von der *Chlamydomonas eugametos*-Gruppe 4 Rassen resp. Arten von erblich verschiedener Geschlechtsstärke: 1) *Chlamydomonas Braunii* (morphologisch anisogam s. S. 26) von der Stärke 4 (♀^{4} und ♂^{4}), 2) *Chl. eugametos* f. *typica* von der Stärke 3 (♀^{3} und ♂^{3}), 3) *Chl. eugametos* f. *simplex* von der Stärke 2

	♀^{4}	♀^{3}	♀^{2}	♀^{1}	♂^{1}	♂^{2}	♂^{3}	♂^{4}
♀^{4}	0	0	1	2	3	3	3	3
♀^{3}	0	0	0	1	3	3	3	3
♀^{2}	1	0	0	0	3	3	3	3
♀^{1}	2	1	0	0	2	3	3	3
♂^{1}	3	3	3	2	0	0	1	2
♂^{2}	3	3	3	3	0	0	0	1
♂^{3}	3	3	3	3	1	0	0	0
♂^{4}	3	3	3	3	2	1	0	0

Tabelle 5: Die Geschlechtsreaktion zwischen den verschiedenstarken ♀ (+) u. ♂ (—)-Rassen und Arten der *Chlamydomonas eugametos*-Gruppe (grüne Flagellaten). ♀^{4} und ♂^{4} = ♀ und ♂ Gameten von *Chl. braunii.* ♀^{3} u. ♂^{3} = ♀ (+) u. ♂ (—)-Gameten von *Chl. eug.* f. *typica.* ♀^{2} u. ♂^{2} = ♀ (+) u. ♂ (—)-Gameten von *Chl. eug.* f. *simplex,* ♀^{1} u. ♂^{1} = ♀ (+) u. ♂ (—)-Gameten von *Chl. eug.* f. *synoica.* 3—1 Gruppenbildung und Kopulation, 0 keine Gruppen und keine Kopulation, 3 Gruppe von 100 und mehr Gameten, 2 Gruppen von 10—20 Gameten, 1 nur Kopulationspaare. Fälle von relativer Sexualität nach Reaktion 1 u. 2. Nach Moewus.

(♀² und ♂²) und 4) *Chl. eugametos* f. *synoica* von der Stärke 1 (♀¹ und ♂¹). Wie bei den verschiedenen Rassen von *Chlamydomonas paupera* (s. S. 36/37) kommt es zwischen den starken und schwachen Arten und Rassen desselben Geschlechts zu Kopulationen gleichgeschlechtlicher Gameten. Es finden sich also auch hier Fälle von relativer Sexualität (Tab. 5). So kopulieren ♀⁴ mit ♀¹ und ♂⁴ mit ♂¹ mit der Reaktion 2 (Gruppen von 10—20 Gameten) und ♀⁴ mit ♀² sowie ♂⁴ mit ♂² mit der Reaktion 1 (keine Gruppen, nur Kopulationspaare). Es ergibt sich nun, daß jede Rasse ganz spezifische, weibliche und männliche Stoffe ausscheidet, die verschiedene Mischungsverhältnisse des Cis- und Trans-Carotinoids darstellen. Wie bereits mitgeteilt, wurde für *Chlamydomonas eugametos* f. *simplex* das Mischungsverhältnis von 3 Cis/1 Trans-Stoff für ♀ und 1 Cis/3 Trans für ♂ gefunden. Folgende Tabelle zeigt das Mischungsverhältnis der Cis/Trans-Stoffe für die 4 weiblichen und die 4 männlichen Gametensorten der 4 Rassen resp. Arten der *Chlamydomonas eugametos*-Gruppe.

	♀⁴	♀³	♀²	♀¹	♂¹	♂²	♂³	♂⁴
cis	95	85	75	65	35	25	15	5
trans	5	15	25	35	65	75	85	95

Da jede Gametensorte einen spezifischen Stoff, genauer ein spezifisches Mischungsverhältnis zweier Stoffe ausscheidet, so ergibt sich daraus, daß die Realisatoren den Prozentsatz des cis/trans-Verhältnisses regulieren. Beträgt das unterschiedliche cis-/trans-Verhältnis bei der Kombination verschiedener Gametensorten von verschiedener Stärke 10/10, dann erfolgen keine Kopulationen, bei 20/20 gehen die gleichgeschlechtlichen relativ-sexuellen Kopulationen der Reaktion 1 (Kopulation ohne Gruppenbildung) vor sich, bei 30/30 findet die Reaktionsart 2 (kleine Gruppen) statt, d. s. die gleichgeschlechtlichen Kombinationen zwischen überstarken und schwachen Gameten sowie die Kopulation der verschiedengeschlechtlichen schwachen Gameten. Ist der unterschiedliche Wert 40/40 bis 90/90, dann erfolgt die Reaktionsart 3, starke Gruppenbildung, d. s. alle anderen verschiedengeschlechtlichen Kombinationen (Tab. 6). Die relative Sexualität und die ihr zugrunde liegenden

	♀⁴ 95/5	♀³ 85/15	♀² 75/25	♀¹ 65/35	♂¹ 35/65	♂² 25/75	♂³ 15/85	♂⁴ 5/95
♀⁴ 95/5	0/0	0	1	2	3	3	3	3
♀³ 85/15	10/10	0/0	0	1	3	3	3	3
♀² 75/25	20/20	10/10	0/0	0	3	3	3	3
♀¹ 65/35	30/30	20/20	10/10	0/0	2	3	3	3
♂¹ 35/65	60/60	50/50	40/40	30/30	0/0	0	1	2
♂² 25/75	70/70	60/60	50/50	40/40	10/10	0/0	0	1
♂³ 15/85	80/80	70/70	60/60	50/50	20/20	10/10	0/0	0
♂⁴ 5/95	90/90	80/80	70/70	60/60	30/30	20/20	10/10	0/0

Tabelle 6: Reaktionsstärke (rechts über der Diagonale) und Cis/Transunterschiede (links unter der Diagonale) der acht Gametensorten der *Chlamydomonas eugametos*-Gruppe (s. Tab. 4). Neben resp. unter den acht Gametensorten ist das für jede Sorte charakteristische Cis/Trans-Verhältnis der Sexualstoffe (Carotinoide) angegeben. Nach Moewus.

Sexualstärken (Valenzen) von *Chlamydomonas*-Arten (Rassen) finden mithin durch die quantitativen Verschiedenheiten der Cis/Trans-Verhältnisse der ♀ u. ♂ Gamone der verschiedenen Arten ihre Erklärung. Wenn auch bei andern Algen und andern Organismen andere Carotinoide oder andere chemische Stoffe als Sexualstoffe vorhanden sein mögen, so wird man doch annehmen dürfen, daß das Prinzip der relativen Sexualität und der verschiedenen Geschlechtsstärken überall dasselbe sein wird.

Die Erscheinungen der haplogenotypischen Geschlechtsbestimmung lassen sich zusammenfassend folgendermaßen darstellen. Jedes haploide Geschlecht sowie die ♀ wie ♂ Gameten haben eine allgemeine bisexuelle Potenz **AG** und einen besonderen Geschlechtsrealisator (**F**- oder **M**-Gen), der bewirkt, daß nur die Potenzen des einen Geschlechtes in Erscheinung treten. Durch die oben berichteten Versuche ist erwiesen, daß die Geschlechtsrealisatoren in einer erblich festgelegten, bei verschiedenen Rassen verschiedenen Stärke oder Valenz wirken, wodurch die Erscheinung der relativen Sexualität zustandekommt. Das Vorkommen der relativen Sexualität beweist aber klar die angenommene bisexuelle Natur der männlichen und weiblichen Haplonten. Die oben angenommene Formel für die primär genotypischen Haplonten kann somit als gesichert gelten und ist durch die berichteten neuen chemischen Ergebnisse direkt stofflich erklärt. Durch Faktorenaustausch gleichstarker Realisatorgene entstehen Zwitter mit phaenotypischer Geschlechtsbestimmung von der Formel

$$\boxed{\begin{matrix}\text{(AG)}\\ \text{FM}\end{matrix}}$$

Sie stimmen in ihrer geschlechtlichen Konstitution mit zwittrigen Rassen der freien Natur überein. Weiterhin können bei der Kreuzung von genotypisch-diöcischen Rassen von verschiedener Stärke durch Faktorenaustausch verschieden starker Realisatorgene getrenntgeschlechtliche Formen von abweichender, geringerer Geschlechtsstärke zustande kommen, deren Geschlechtsstärke sich aus der Subtraktion der vorhandenen +- und —-Stärkegrade der Realisatoren ergibt. Aus der Natur sind solche haplogenotypischen Formen mit F und M-Realisatoren von verschiedener Stärke bisher nicht bekannt geworden.

b) Diplogenotypische Geschlechtsbestimmung.

Der Mechanismus der genotypischen Geschlechtsbestimmung der diploiden Tiere und Pflanzen ist von dem eben geschilderten haplogenotypischen wesentlich verschieden. Im letzten Fall ist die diploide Phase potentiell gemischtgeschlechtlich, die Geschlechtstrennung und Bestimmung wird einzig und allein durch die Reduktionsteilung herbeigeführt und erstreckt sich nur auf die haploide Phase. Bei diploiden Organismen dagegen ist die ganze diploide Phase vom Moment der Befruchtung an bereits männlich oder weiblich festgelegt. Zwar ist auch hier die Reduktionsteilung mit von entscheidender Bedeutung für die Geschlechtsbestimmung, aber nur in einem einzigen Geschlecht und als vorbereitender Akt, und die eigentliche Festlegung des Geschlechts wird erst durch die darauffolgende Befruchtung erreicht. Der Vorgang spielt sich hier also in zwei Etappen ab, durch Reduktion und Zygotenbildung. Das erfolgt in der Weise, daß das eine Geschlecht zweierlei Keimzellen hervorbringt, männchenbestimmende und weibchenbestimmende, die bei der Vereinigung mit den unter sich gleichartigen Keimzellen des anderen Geschlechtes, die alle von gleicher sexueller Tendenz sind, männliche und weibliche Individuen in — normaler Weise — gleicher Anzahl liefern. In den meisten Fällen bildet das männliche Geschlecht zweierlei Sorten von Keimzellen, es ist heterogametisch, während das weibliche Geschlecht homogametisch ist. Seltener (bei Schmetterlingen, Vögeln, einigen Fischen und der Erdbeere) ist das weibliche Geschlecht das heterogametische. Bei männlicher Heterogametie werden bei der Reduktionsteilung zwei Sorten von männlichen Gameten erzeugt, männchenbestimmende und weibchenbestimmende Spermien resp. Spermakerne, während das weibliche Geschlecht nur Gameten von einer Sorte hervorbringt. Durch Kopulation eines männchenbestimmenden Spermiums oder Spermakernes mit einem Ei entsteht ein diploider männlicher Organismus (Tier oder Pflanze), durch Kopulation eines weibchenbestimmenden Spermiums oder Spermakernes ein weibliches Tier oder weibliche Pflanze. Bei Heterogametie im weiblichen Geschlecht ist es umgekehrt. Aus dem Vergleich der beiden Schemata (Abb. 26) geht der große Unterschied im Mechanismus der haplo- und diplogenotypischen Geschlechtsbestimmung deutlich hervor.

Dadurch, daß das eine Geschlecht zwei Sorten von Keimzellen, das andere nur eine bildet, gleicht der Vorgang der Ge-

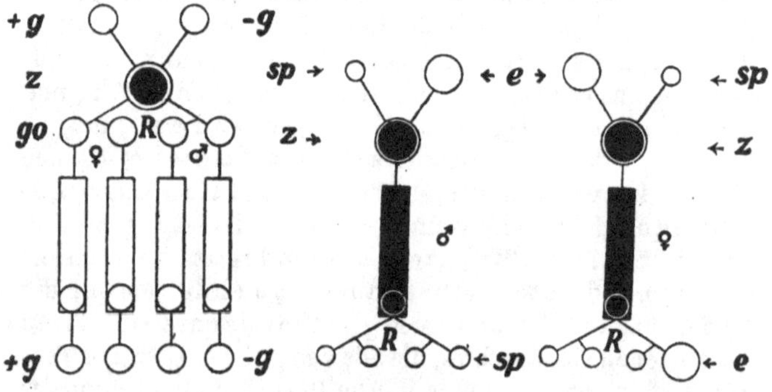

Abb. 26. Schema der genotypischen Geschlechtsbestimmung bei Haplonten (links) und Diplonten (rechts). In dem Schema bedeutet schwarz ausgefüllt die diploide Phase, weiß die haploide Phase. Einzelne Zellen sind als Kreise, als richtige Generationen oder Individuen auftretende Entwicklungsstadien durch langgestreckte Rechtecke gekennzeichnet. + g, — g bedeutet +- und —-Gameten, go Gonen (Zoosporen), z Zygote, R Ort der Reduktion, e Eizelle, sp Samenzellen. Nach Hartmann.

schlechtsbestimmung diploider Organismen ganz dem aus der Vererbungslehre bekannten Schema der Rückkreuzung eines einfach mendelnden Bastards mit seinem rezessiven Elter, wobei 50% der Nachkommen dem Bastard und 50% dem rezessiven Elter entsprechen. Das stimmt ganz mit dem gewöhnlichen Geschlechtsverhältnis der männlichen und weiblichen Nachkommen der diploiden Organismen überein. (Die vielfach vorkommenden Abweichungen von diesem Geschlechtsverhältnis sind durch sekundäre Einflüsse bedingt.) Diese Übereinstimmung hat schon bald nach der Wiederentdeckung der Mendelgesetze dazu geführt, die Geschlechtsbestimmung der höheren Tiere und Pflanzen als einen entsprechenden Vererbungsvorgang zu deuten. Daß das tatsächlich so ist, wurde zuerst von Correns durch Kreuzungen einer getrenntgeschlechtlichen Blütenpflanze mit einer gemischtgeschlechtlichen Art bewiesen. Später kamen noch andersartige Beweise hinzu, so daß heute auf fünferlei verschiedene Weise der Mechanismus der diplogenotypischen Geschlechtsbestimmung durch ein großes experimentelles Versuchsmaterial sichergestellt ist:

1. Durch Kreuzungen zwittriger mit getrenntgeschlechtlichen Arten von Blütenpflanzen.

2. Durch das Vorkommen von Geschlechtschromosomen und ihr Verhalten bei Reduktionsteilung und Befruchtung.

3. Durch die Erscheinungen der geschlechtsgebundenen Vererbung.

4. Durch die Erscheinungen der Intersexualität bei der Kreuzung geographisch verschiedener Rassen und bei Auftreten von triploiden Rassen.

5. Durch Konkurrenzversuche der beiden männchen- und weibchenbestimmenden Sorten von Keimzellen.

Da die Erscheinungen der geschlechtsgebundenen Vererbung ohne weitgehendes Eingehen auf die Vererbungslehre im allgemeinen nicht verstanden werden können, so sollen nur die vier anderen Beweise hier behandelt werden.

1. Kreuzung getrenntgeschlechtlicher Arten mit gemischtgeschlechtlichen.

Bestäubt man Weibchen der getrenntgeschlechtlichen Blütenpflanze *Bryonia dioica* (Zaunrübe) mit Pollen der zwittrigen *Bryonia alba*, so sind alle Nachkommen Weibchen. Der getrenntgeschlechtliche Zustand der diöcischen Art dominiert über den zwittrigen Zustand des verwendeten Pollens. Das

Weibchen der *Bryonia dioica* bildet also nur einerlei Keimzellen, solche mit weiblicher Tendenz.

Bei der umgekehrten Kreuzung, der Bestäubung der *Bryonia alba* mit Pollen der *Bryonia dioica*, erhält man dagegen weibliche und männliche Pflanzen in gleicher Anzahl. Das Männchen der *Bryonia dioica* bringt also zweierlei Keimzellen, männchenbestimmende und weibchenbestimmende in annähernd gleicher Zahl hervor.

Aus diesen beiden Ergebnissen läßt sich ohne weiteres der normale Mechanismus der Geschlechtsbestimmung der getrenntgeschlechtlichen *Bryonia dioica* ableiten. Die Eizellen mit ihrer stets gleichen weiblichen Tendenz geben mit dem Spermakern eines weibchenbestimmenden Pollenkorns ein Weibchen, mit dem eines männchenbestimmenden Pollenkorns ein Männchen, wobei im letzten Falle die Tendenz im Spermakern stärker ist als die der Eizellen. Die Weibchen entstehen also bei der Befruchtung von Keimzellen mit gleicher Tendenz und können bei der Bildung neuer Keimzellen durch die Reduktionsteilung auch nur immer wieder solche von gleicher Tendenz hervorbringen. Die Männchen gehen dagegen aus der Befruchtung von Keimzellen mit ungleicher Tendenz hervor, und bei der Bildung ihrer Keimzellen werden daher immer wieder diese zwei Tendenzen auf verschiedene Pollenkörner verteilt. Die erbliche Geschlechtsbestimmung stimmt also hier, wie schon betont, ganz mit der Rückkreuzung eines einfach mendelnden Bastards (als Vater) mit seinem rezessiven Elter (als Mutter) überein.

Die Erbfaktoren, die bei der diplogenotypischen Geschlechtsbestimmung das Geschlecht der diploiden Individuen bewirken, indem sie in der Reduktionsteilung verteilt und bei der Befruchtung zusammengebracht werden, sind auch bei diesem Modus erblicher Geschlechtsbestimmung nur Geschlechtsbestimmer oder Realisatoren; sie verursachen, daß in der betr. Kombination in einem Falle nur die männlichen, im andern Falle nur die weiblichen Potenzen zur Entfaltung kommen. Die allgemeine bisexuelle Potenz **AG** muß aber auch hier vorausgesetzt werden. Die weiblichen Individuen haben in unserem Falle die gleichen Realisatoren **F** in einem homologen Chromosomenpaar und sind h o m o g a m e t i s c h. Alle gebildeten Eizellen haben die gleiche weibliche Tendenz. Im Männchen dagegen sind zweierlei Realisatoren vorhanden, weibchenbestimmende und männchenbestimmende, und es entstehen durch die Reduktionsteilung zweierlei Spermakerne, weibchenbestimmende mit weiblicher Tendenz mit dem Realisator **F**, und männchenbestimmende von männlicher Ten-

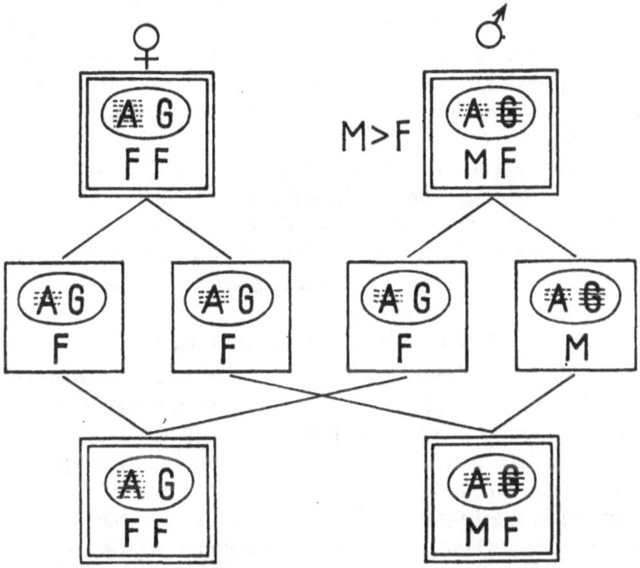

Abb. 27. Schema der diplogenotypischen Geschlechtsbestimmung der Blütenpflanzen auf Grund der *Bryonia*-Versuche. Männliche Heterogametie. Bedeutung der Buchstaben usw. siehe Abb. 20, Seite 35.

denz mit dem Realisator **M.** Eine Befruchtung eines Spermakerns mit weiblicher Tendenz (F) mit einer Eizelle, die ja immer weibliche Tendenz (F) besitzt, gibt ein Weibchen, die Befruchtung eines Pollenkorns von männlicher Tendenz (M) mit einer Eizelle ein Männchen, da die männliche Tendenz (M) dominiert.

Diese einfachste Erklärung der Ergebnisse der *Bryonia*-Versuche läßt sich durch die Formel der Abb. 27 darstellen. Daß diese Formel tatsächlich für manche genetisch getrenntgeschlechtlichen Blütenpflanzen zutrifft, ist neuerdings durch Mutanten mit vermehrten Chromosomen für die Lichtnelke *Melandrium* bewiesen worden. Auch für die sog. subdiöcischen (intersexuellen) Blütenpflanzen kann ihre Geltung ziemlich sicher angenommen werden. Sie ist auch auf die intersexuellen Frösche sowie gewisse Fische (Zahnkarpfen) anwendbar. Doch liegen im letzten Fall die Verhältnisse eventuell komplizierter. Für die am besten untersuchten Fälle von Geschlechtsbestimmung bei Tieren ist, wie wir sehen werden, auf Grund anderer Versuche eine kompliziertere Formulierung notwendig, die auch in einzelnen Fällen von Blütenpflanzen (*Rumex acetosa*, Sauerampfer) ebenfalls durch Mutanten mit vermehrten Chromosomen sich als zutreffend erweist.

2. Geschlechtschromosomen.

Die diploiden Tiere und Pflanzen haben, wie schon in der Einleitung dargestellt, stets 2 Garnituren einander entsprechender homologer Chromosomen. Schon lange hatte man beobachtet, daß im männlichen Geschlecht von Insekten vielfach Ausnahmen von dieser Regel sich finden, indem ein Chromosom nur in der Einzahl vorhanden ist, keinen Partner besitzt, so daß eine ungerade Zahl von Chromosomen sich findet (XO-Typus), oder aber, indem die beiden Chromosomen eines homologen Paares in Form und Größe deutlich verschieden sind (XY-Typus). In all diesen Fällen finden sich in dem weiblichen Geschlecht normale Chromosomenverhältnisse, also lauter entsprechende Paare. Weitere Untersuchungen haben gezeigt, daß derartige abnorme Chromosomenverhältnisse des

Abb. 28. Geschlechtschromosomen einer Wanze und ihr Verhalten bei den Reifeteilungen und der Befruchtung. Das Geschlechtschromosom ist schwarz, die andern Chromosomen (Autosomen) schraffiert gezeichnet. Nach Goldschmidt.

einen Geschlechts weit verbreitet sind, und das Verhalten dieser unpaaren oder ungleichen Chromosomenpaare bei der Reduktionsteilung und Befruchtung ergab deutlich ihren Zusammenhang mit der Geschlechtsbestimmung.

Das Schema der Abb. 28, in der der sog. XO-Typus wiedergegeben ist, läßt klar den Zusammenhang der Geschlechtschromosomen mit der Geschlechtsbestimmung erkennen. Im Weibchen sehen wir vier Paare von verschiedengestalteten Chromosomen, wobei das kleine stäbchenförmige Paar die X- oder Geschlechtschromosomen darstellt. Bei der Reduktionsteilung werden alle Paare gleichmäßig verteilt, so daß jede Eizelle eine Garnitur inklusive eines X-Chromosoms bekommt. Bei dem Männchen ist das X-Chromosom nur einmal vorhanden, im Gegensatz zu den übrigen paarweise vorkommenden, die als Autosomen bezeichnet werden. Bei der Samenreifung werden wieder die homologen Chromosomen verteilt. Da aber das X-Chromosom keinen Partner hat, bekommt nur die eine Hälfte der Samenzellen ein X-Chromosom, während es bei der andern Hälfte fehlt. Die Befruchtung einer Samenzelle mit X-Chromosom mit einer Eizelle mit X-Chromosom ergibt ein Weibchen, die Befruchtung einer Samenzelle ohne X-Chromosom mit einer Eizelle mit X-Chromosom ergibt ein Männchen. Die Samenzellen mit X-Chromosom sind also weibchenbestimmende, die ohne X-Chromosom männchenbestimmende.

Aus den Untersuchungen über die geschlechtsgebundene Vererbung ergab sich weiter, daß das männliche Geschlecht der Insekten das heterogametische ist. Der cytologische Befund an den Chromosomen stimmt, wie ersichtlich, vollkommen damit überein, indem das männliche Geschlecht durch das Fehlen des einen Chromosomenpartners in der Hälfte der Samenzellen deutlich als das heterogametische zu erkennen ist.

Es gibt nun, wie die weitere Forschung gezeigt hat, eine große Anzahl von Varianten in der Ausbildung der Geschlechtschromosomen. Alle diese verschiedenen Arten stimmen aber darin überein, daß stets das eine Geschlecht homogametisch ist, d. h. daß seine Gameten stets gleiche Garnituren von Chromosomen aufweisen, und daß das andere heterogametisch ist und zwei Sorten von Gameten mit Verschiedenheiten des

Chromosomensatzes bildet. Hier sei von all diesen verschiedenen Ausprägungen nur der XY- oder *Drosophila*-Typ noch kurz erwähnt. In diesem Falle hat auch das X-Chromosom des heterogametischen Geschlechtes einen Partner, der sich aber durch verschiedene Größe und Form deutlich unterscheidet (Abb. 29). Gewöhnlich ist das Y-Chromosom kleiner als das X-Chromosom. Das Verhalten der Geschlechtschromosomen bei Reduktionsteilung und Befruchtung ist im übrigen das gleiche wie beim XO-Typus, nur bekommt hier die eine Hälfte der Samenzellen ein X-Chromosom, die andere ein Y-Chromosom.

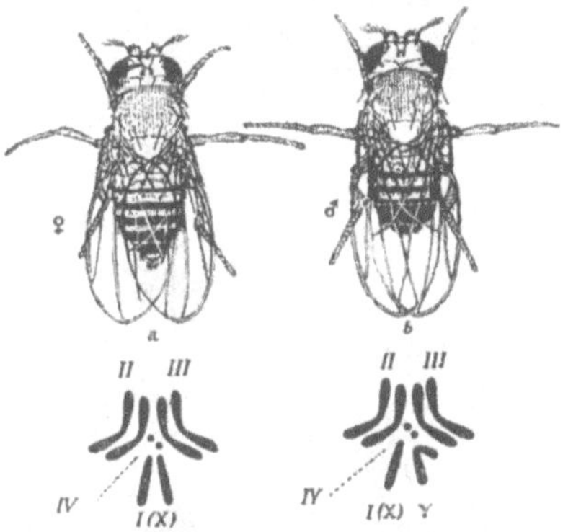

Abb. 29. *Drosophila melanogaster* (Taufliege). a Weibchen, b Männchen; darunter schematisch die weiblichen und männlichen Chromosomenbestände. I Geschlechtschromosomen, II—IV Autosomen. Nach Th. Morgan, Bridges, Sturtevant.

Die Ergebnisse dieser Chromosomenuntersuchungen stimmen, wie ohne weiteres ersichtlich, vollkommen mit den oben beschriebenen Kreuzungsexperimenten mit *Bryonia* überein sowie mit den Ergebnissen der Vererbungsversuche über geschlechtsgebundene Vererbung. Die Art dieser Vererbungsvorgänge, auf die hier nicht näher eingegangen werden kann, ließ sich vollkommen erklären durch die Annahme, daß die geschlechtsgebunden vererbten Anlagen im X-Chromosom lokalisiert sind. Bei den meisten Insekten und Wirbeltieren sowie Blütenpflanzen hatte sich dabei das männliche Geschlecht als das heterogametische erwiesen, was mit den cytologischen Befunden über Geschlechtschromosomen übereinstimmt. Bei Schmetterlingen dagegen hatte man, lange bevor Geschlechtschromosomen bei ihnen nachgewiesen waren, aus den Vererbungsversuchen den Schluß ziehen müssen, daß hier

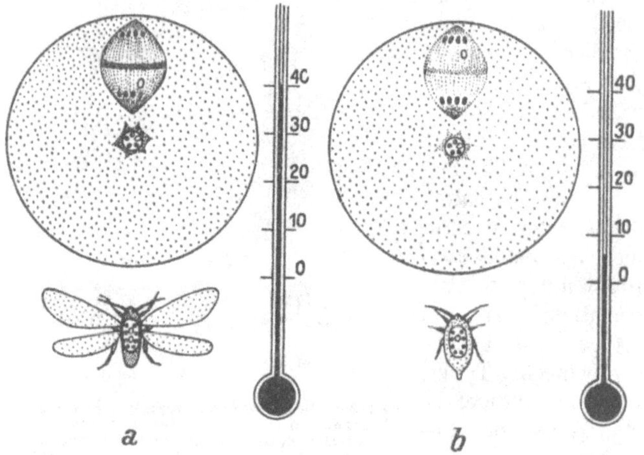

Abb. 30. Schema, das die willkürliche Geschlechtsbestimmung bei *Talaeporia tubulosa* (Schmetterlinge) nach den Untersuchungen von Seiler zeigt. a Wärme lenkt das Geschlechtschromosom in den zukünftigen Eikern; nach Verschmelzung mit dem Samenkern entsteht der Chromosomenbestand des Männchens. b Kälte lenkt das Geschlechtschromosom in den (zugrunde gehenden) Richtungskörper; nach der Verschmelzung von Ei- und Samenkern entsteht der Chromosomenbestand des Weibchens. Die Zahl der Autosomen ist willkürlich mit vier angenommen, sie beträgt in Wirklichkeit 29. Aus Ankel.

nicht, wie meistens, das männliche, sondern das weibliche Geschlecht das heterogametische sein müsse. Spätere cytologische Untersuchungen haben das auch in der Tat für die Geschlechtschromosomen der Schmetterlinge bestätigt, indem hier beim Weibchen der XO-Typus vorkommt (Abb. 30).

Bei Blütenpflanzen waren lange Zeit keine Geschlechtschromosomen gefunden worden. Nun war gerade hier durch die *Bryonia*-Versuche zuerst das männliche Geschlecht als das heterogametische aufgezeigt. Später ist aber auch in einer größeren Anzahl von Fällen bei Blütenpflanzen der XY-Typus der Geschlechtschromosomen nachgewiesen worden, wodurch wiederum die Übereinstimmung von Cytologie und Vererbungsversuch aufgezeigt ist (Abb. 31).

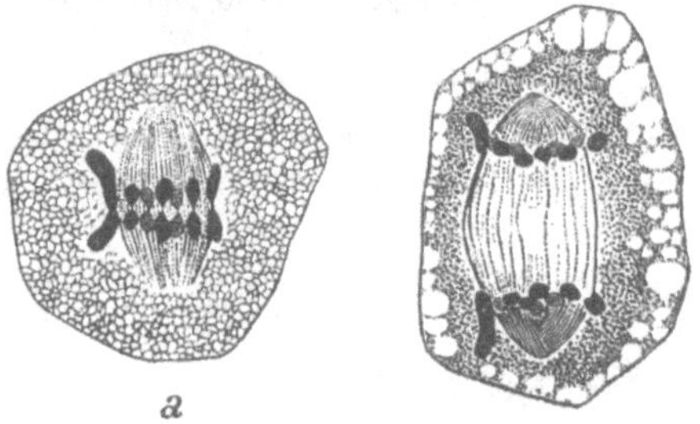

Abb. 31. *Melandrium album* (Lichtnelke). Erste Reifungsteilung der Pollenmutterzelle. a Frühe und b späte Anaphase mit der Verteilung der XY-Chromosomen. Nach Belar.

Bei männlicher Heterogametie werden natürlich ohne weiteres männchenbestimmende und weibchenbestimmende Spermiensorten in gleicher Zahl gebildet und dementsprechend entsteht bei gleicher Befruchtungsmöglichkeit stets das normale Geschlechtsverhältnis 1:1. Demgegenüber werden bei weiblicher Heterogametie nur dann die beiden Eisorten in gleicher Zahl gebildet, wenn der Verteilungsmechanismus des XY-Chromosomenpaares so arbeitet, daß das X-Chromosom gleich häufig in den Polkörper gelangt, wie es im Ei verbleibt. Das ist fraglos auch vielfach der Fall; andererseits kann dieser Verteilungsmodus durch Außenfaktoren verhältnismäßig leicht beeinflußt werden. So kann das Geschlechtsverhältnis zugunsten des männlichen Geschlechtes verschoben werden, wenn die Weibchen von *Talaeporia tubulosa* (Kleinschmetterling) eine Zeitlang an der Eiablage verhindert werden, oder wenn man die Weibchen und die frischgelegten Eier in erhöhte

Temperatur bringt. Umgekehrt entstehen mehr Weibchen bei Einfluß von Kälte auf Eier. Die mikroskopische Beobachtung zeigte nun (es handelte sich um einen XO-Typus), daß bei Einwirkung von Überreife und Wärme das X-Chromosom im Eikern zurückbleibt, daß es bei Kälte aber fast stets in den Richtungskörper gerät, also ausgestoßen wird (s. Abb. 30 S. 56).

Das Verhalten der Geschlechtschromosomen bei Reduktion und Befruchtung und ihre Rolle bei der Geschlechtsbestimmung der Diplonten zeigen die Schemata der Abb. 32 noch-

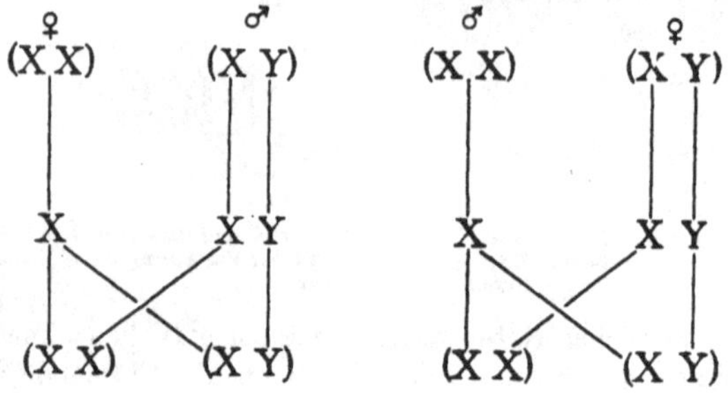

a b

Abb. 32. a Schema der Vererbung der Geschlechtschromosomen bei männlicher Heterozygotie. b Desgleichen bei weiblicher Heterozygotie.

mals in anschaulicher Weise für den Fall von Heterogametie im männlichen wie im weiblichen Geschlecht. Das Verhalten der Geschlechtschromosomen folgt, wie hieraus ersichtlich, ganz dem Rückkreuzungsschema, wie wir es bei den *Bryonia*-Versuchen für die diplogenotypische Geschlechtsbestimmung kennengelernt haben. Wenn man die bei den *Bryonia*-Versuchen aufgestellte Formel mit dem Geschlechtschromosomenmechanismus in direkte Verbindung bringen will, so muß man annehmen, daß bei den Blütenpflanzen die Geschlechtsrealisatoren in den Geschlechtschromosomen lokalisiert sind, und zwar die F-Realisatoren in den X-Chromosomen, der M-Realisator im Y-Chromosom und daß M stärker wirkt als F, daher FF = ♀, FM (XY) = ♂. Wie S. 51 bereits erwähnt, ist das für manche Blütenpflanzen bewiesen (*Melandrium*, Lichtnelke) (Abb. 27, S. 51). Doch sind dabei wohl noch modifizierende Faktoren in anderen Chromosomen (Autosomen) wirksam.

Andererseits lehren die Versuchsergebnisse über die Erscheinungen der Intersexualität bei manchen Tieren, daß dort eine andere, kompliziertere Formulierung angenommen werden muß und die Lokalisierung der F- und M-Realisatoren in anderer Weise verwirklicht ist.

3. Intersexualitätsversuche.

Die Intersexualitätserscheinungen bei diploiden Tieren haben näheren Aufschluß über die Lokalisation der geschlechtsbestimmenden Faktoren erbracht und dadurch zu einem weiteren Ausbau der Theorie geführt. Am einfachsten und eindrucksvollsten lassen sich diese Ergebnisse an den Verhältnissen der triploiden Sexualität bei *Drosophila* zur Darstellung bringen. Die Taufliege *Drosophila* weist, wie oben geschildert, Heterogametie im männlichen Geschlecht nach dem XY-Typus auf. Sie besitzt außer den Geschlechtschromosomen drei Paar Autosomen, zwei Paar große Chromosomen und ein kleines Paar. In den *Drosophila*-Zuchten treten gelegentlich Mutanten mit abweichenden Chromosomengarnituren auf, indem entweder die ganzen Chromosomensätze vermehrt sind, oder nur einzelne Chromosomen oder beides gemischt (Abb. 33). Bei solchen Mutanten finden sich dann vielfach auch abweichende Geschlechtsverhältnisse vor allem sog. Intersexe, d. h. Tiere, die in verschiedenem Grade weibliche und männliche primäre und sekundäre Geschlechtsmerkmale zugleich aufweisen. Genaue Untersuchungen dieser Formen mit abweichenden Chromosomensätzen ergaben weitgehenden Aufschluß über die Lokalisation und Wirkung der Geschlechtsrealisatoren.

Abb. 33. Abweichende Chromosomenbestände von *Drosophila melanogaster*. a Triploides Weibchen mit zwei verbundenen und einem freien X. b Diploides Weibchen mit zwei verbundenen X und einem Y. c und d Intersexe mit drei Autosomensätzen (mit Ausnahme des kleinen IV.!) und zwei X-Chromosomen. Letzte sind in c verbunden und hier findet sich außerdem noch ein Y. Nach L. V. Morgan.

Wie aus nachfolgender Tab. 7 hervorgeht, kommt das weibliche Geschlecht dann zur Ausbildung, wenn auf jeden Autosomensatz ein X-Chromosom kommt. Dabei ist es gleichgültig, ob die gesamte Garnitur inklusive X-Chromosom einmal (haploid), zweimal (diploid), dreimal (triploid) oder vier-

Sätze von Autosomen und Zahl der Geschlechtschromosomen	Geschlecht	Verhältnis der X-Chromosomen zu der Zahl der Autosomensätze
2 A + 3 X	♀ Überweibchen	3:2 = 1,5
4 A + 4 X	♀	4:4 = 1
3 A + 3 X		3:3 = 1
3 A + 3 X 1 Y		3:3 = 1
2 A + 2 X		2:2 = 1
2 A + 2 X 1 Y		2:2 = 1
2 A + 2 X 2 Y		2:2 = 1
3 A + 2 X 1 Y	Intersexe	2:3 = 0,67
3 A + 2 X		2:3 = 0,67
3 A (— IV) + 2 X		
2 A + 1 X 1 Y	♂	1:2 = 0,5
2 A + 1 X 2 Y		1:2 = 0,5
2 A + 1 X		1:2 = 0,5
3 A + 1 X	♂ Übermännchen	1:3 = 0,33

Tabelle 7: *Drosophila melanogaster* (Taufliege). Verhältnis der Autosomen zu den Geschlechtschromosomen bei normalen Formen und Formen mit abgeänderten Chromosomensätzen. Nach Bridges.

mal (tetraploid) vorhanden ist. Auch wenn außer dem Normalverhältnis von Autosomen und X-Chromosom noch ein oder zwei Y-Chromosomen zusätzlich vorhanden sind, so hat das auf das Geschlecht keinen Einfluß, es sind Weibchen. Steht dagegen einem doppelten Satz von Autosomen ein einziges X-Chromosom gegenüber, so gibt es Männchen, wobei wiederum das Vorhandensein oder Fehlen des Y-Chromosoms gleichgültig ist. Diese Fälle zeigen deutlich, daß der oder die weibchenbestimmenden Faktoren *F* im X-Chromosom liegen, während als Träger der männchenbestimmenden die Autosomen in Frage kommen, und daß die Wirkung des F-Faktors im X-Chromosom stärker ist als die der M-Faktoren in den Autosomen. Fügt man nämlich den zwei Autosomensätzen und einem X-Chromosom, die Männchen ergeben, ein weiteres X-Chromosom, also einen zweiten Weiblichkeitsbestimmer F, hinzu, so werden daraus Weibchen. Kommen aber zwei X-Chromosomen und drei Autosomensätze zusammen, dann sind die Differenzen zwischen den weibchenbestimmenden und männchenbestimmenden F- und M-Faktoren nicht groß genug und die betr. Tiere werden Intersexe. Fehlt gleichzeitig eines der kleinen vierten Chromosomen bei den drei Autosomensätzen, dann haben diese Intersexe mehr männlichen, sonst mehr weiblichen Charakter. Der Vergleich dieser Befunde ergibt, daß den geschlechtsbestimmenden F- und M-Faktoren eine verschieden starke Wirkung zukommt. Und zwar kann man daraus schließen, daß zwei X-Chromosomen, also zwei F-Realisatoren ungefähr gleich stark wirken wie drei Autosomengarnituren mit ihren M-Realisatorengruppen.

Es ergibt sich mithin folgende Erbformel für die Verteilung und Bestimmung des Geschlechts bei *Drosophila*:

MM FF = ♀, **MM Ff** = ♂.

Der oder die weibchenbestimmenden Faktoren **F** liegen in den X-Chromosomen, die männlichen Realisatoren **M** in den Autosomen und die Wirkung von **F** ist stärker als die von **M**, mithin **MM FF** = ♀; die von **MM** stärker als die von **F**, also **MM Ff** = ♂.

Die *Drosophila*-Befunde zeigen, daß das Y-Chromosom für die Geschlechtsbestimmung völlig gleichgültig ist. Der Faktor f in der obigen Formel ist also hier = 0, er fehlt. Bei dem XO-Typus der Geschlechtschromosomen der Tiere, der ja weitverbreitet ist, ist dieses Fehlen selbstverständlich. Aus den Kreuzungsversuchen mit Fröschen verschiedener Lokalrassen, die sich in der Stärke ihrer Sexualität sehr unterscheiden und teilweise hermaphroditen, intersexuellen Charakter aufweisen können, hat man jedoch mit Recht den Schluß gezogen, daß in diesem Fall auch im Y-Chromosom ein entsprechender weiblicher Geschlechtsrealisator f vorhanden sein muß, jedoch von viel geringerer Stärke als der Faktor F im X-Chromosom. Die Verhältnisse bei den Fröschen sind sehr kompliziert, falls man, wie das meist geschah, ihre erbliche Geschlechtsbestimmung nach dem Beispiel von *Drosophila* und *Lymantria* (s. unten S. 63, 64) erklärt, so daß sie hier nicht im einzelnen geschildert werden können. Doch sei eine Tabelle der Geschlechtsdifferenzierung von sechs verschiedenen Rassen wiedergegeben (Abb. 34), die sich durch die Quantität, also den Stärkegrad der F- und M-Faktoren sowohl im homogametischen weiblichen wie im heterogametischen männlichen Geschlecht unterscheiden. Die auf Grund der Versuche in der Tabelle eingetragenen Zahlenwerte der Stärkeverhältnisse der F- und M-Faktoren, die willkürlich angenommen sind und nur das relative Stärkeverhältnis kennzeichnen sollen, lassen erkennen, welche Sexualverhältnisse die einzelnen Rassen aufweisen und was evtl. bei Kreuzungen herauskommt. So sind die Frösche der Rasse V extrem getrenntgeschlechtliche Tiere, da der Faktor f hier gegenüber dem F sehr schwach ist: bei der Klasse I dagegen ist F schwächer als bei Rasse V, jedoch f = F; sie sind daher Hermaphroditen oder Intersexe. Doch sei betont, daß die hier vorliegenden Verhältnisse sich auch einfacher auf Grund der oben (S. 51) angegebenen Formel für *Bryonia* und *Melandrium* erklären lassen.

Die Erscheinungen der triploiden Intersexe von *Drosophila* zeigen im Verein mit den normalen Geschlechtstieren sowie mit Formen von anderen abgeänderten Chromosomensätzen deutlich, daß die geschlechtliche Determinierung durch die quantitativ verschiedene Wirkung der weiblichen und männlichen Geschlechtsrealisatoren zustandekommt, wobei die *F*-Realisatoren in den X-Chromosomen, die M-Realisatoren in den Autosomen lokalisiert sind. Da F stärker wirkt als M, geben 2M und 2F weibliches Geschlecht, umgekehrt 1 F und 2 M männliches Geschlecht, wie das in dem beigegebenen Schema zum Ausdruck gebracht ist (Abb. 35). Im Gegensatz zur haplogenotypischen Geschlechtsbestimmung, wobei ein Geschlecht nur einen Realisator enthielt, sind hier in jedem Individuum zwei Sorten entgegengesetzter Realisatoren vorhanden, und die männliche und weibliche Determinierung wird bewirkt durch das quantitative Übergewicht (Valenz) der männlichen Realisatoren im männlichen Geschlecht, der weiblichen Realisatoren im weiblichen. Auch bei abgeänderten Chromosomenverhältnissen hängt das Geschlecht ab von dem

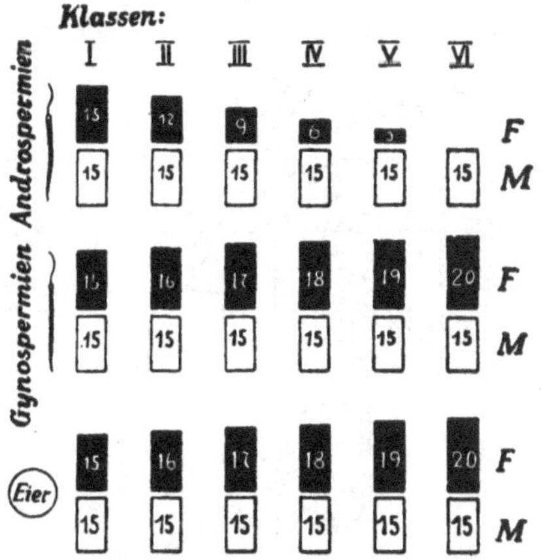

Abb. 34. Geschlechtsdifferenzierungstabelle. Schematische Darstellung der verschiedenen Stärke der Geschlechtsvalenzen bei sechs verschiedenen geographischen Rassen von Fröschen. Nach Witschi.

quantitativen Verhältnis, der Balance, der männlichen und weiblichen Realisatoren.

Zu einer entsprechenden Auffassung und Formulierung der erblichen Geschlechtsbestimmung, wie wir sie soeben für

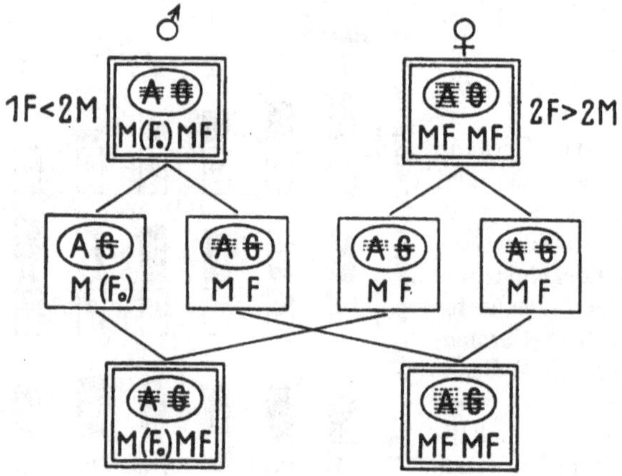

Abb. 35. Schema der diplogenotypischen Bestimmung und Vererbung diöcischer Tiere mit ♂ Heterogamie. Dem Schema ist die aus den Drosophilaversuchen gewonnene Formulierung zugrunde gelegt, wonach auch in den haploiden Gameten ein ♂ M- und ♀ F-Faktor (Realisator) vorhanden ist, im diploiden Tier dementsprechend doppelt. Beim heterozygoten ♂ Geschlecht ist der XO-Typ der Geschlechtschromosomen angenommen, wonach das Allel vom ♀ Realisator fehlt (F_0). Die Potenzen A und G werden (wie in den früheren Schematas) durch die Wirkung der sexuell entgegengesetzten Realisatoren verschieden stark gehemmt (ausgedrückt durch die verschiedene Zahl der gestrichelten und ausgezogenen Linien). Nach Hartmann.

Drosophila kennengelernt haben, haben die ausgedehnten Kreuzungsversuche von geographisch verschiedenen Rassen des Schwammspinners *Lymantria dispar* geführt, bei denen in bestimmten Kreuzungen Intersexe von ganz bestimmter Ausbildung auftreten. Es handelt sich um folgende Tatsachen:

1. Europäische und japanische Rassen zeigen jede für sich normale Geschlechtsverhältnisse.

2. Japanisches ♀ × europäisches ♂: normale Geschlechtsverhältnisse.

3. Europäisches ♀ × japanisches ♂ (die umgekehrte Kreuzung): alle Söhne (♂) normal, alle Töchter (♀) intersexuell.

Abb. 36. *Lymantria dispar* (Schwammspinner). Normales Männchen und Weibchen. Nach Goldschmidt.

4. Die zweite Generation (F_2) aus Nr. 3 (europäisches ♀ × japanisches ♂): alle Söhne (♂) normal, alle Töchter (♀) zur Hälfte normal, zur Hälfte intersexuell, und zwar vom gleichen Intersexualitätsgrad wie die Mütter.

5. Die zweite Generation (F_2) aus Nr. 2 (japanisches ♀ × europäisches ♂): alle Töchter (♀) normal, Söhne (♂) zur Hälfte normal, zur Hälfte intersexuell.

Weiterhin wurde noch das wichtige Ergebnis ermittelt, daß die Kreuzungen bestimmter Rassen einen schwachen Grad

Abb. 37. Ansteigende Serie intersexueller Weibchen von *L. dispar*. Links oben normales ♀; das letzte Tier zeigt fast rein männliche Charaktere. Nach Goldschmidt.

von Intersexualität, die anderer Rassen einen stärkeren ergaben, der so weit gesteigert sein kann, daß die intersexuellen Weibchen resp. Männchen äußerlich wie innerlich vollkommen den Individuen des entgegengesetzten Geschlechtes glichen (Abb. 36, 37 u. 38). Die folgende Tabelle zeigt eine Anzahl derartiger Kreuzungen mit dem dabei zutage tretenden Grad der Intersexualität

Rasse Kumamoto	♀	Rasse Gifu	♂	nur schwach intersexuelle	♀
„ Hokkaida	♀ ×	„ „	♂	„ stärker „	♀
„ Schneidemühl	♀ ×	„ „	♂	„ „ „	♀
„ Fiume	♀ ×	„ „	♂	„ hochgradig „	♀
„ „	♀ ×	„ Ogi	♂	„ völlig in ♂ umgewandelte	♀

Je nach dem Grade der Intersexualität, der bei den Kreuzungen der verschiedenen Rassen auftritt, kann man demnach „schwache" und „starke" männliche und weibliche Rassen unterscheiden. Nachdem für eine Anzahl solcher Rassen durch Kreuzungsanalyse der Stärkegrad ermittelt war, ließ sich der Grad der Intersexualität für andere Kreuzungen direkt voraussagen. Alle japanischen Rassen sind in verschiedenem Grade „starke", die europäischen „schwache" Rassen. Die Verhältnisse erinnern weitgehend an die oben beschriebenen der verschieden starken Rassen haploider Organismen, wenn schon die Verhältnisse beim Schwammspinner infolge der diplogenotypischen Geschlechtsbestimmung natürlich komplizierter liegen.

Abb. 38. *Lymantria dispar* (Schmetterling). Ovar eines intersexuellen Weibchens in Umwandlung zu einem Hoden begriffen. Nach Goldschmidt.

Die Erklärung ist prinzipiell die gleiche, wie wir sie oben auf Grund der *Drosophila*-Befunde kennengelernt haben, nur mit dem Unterschied, daß es sich bei den Schmetterlingen um Formen mit weiblicher Heterogametie handelt. Hier bilden die Weibchen zweierlei Sorten von Eiern, solche mit X und solche mit Y, während bei den Männchen nur Spermien mit X-Chromosomen zustande kommen. Wenn bei der Kreuzung schwacher europäischer ♀♀ mit starken japanischen ♂♂ statt der erwarteten ♀♀, die ihr einziges X-Chromosom immer vom Vater bekommen, stets Intersexe auftreten, die ♀♀ also mehr oder minder stark eine Vermännlichung erfahren, so muß der männchenbestimmende Faktor im X-Chromosom liegen. Die übrigen Versuche zeigen dagegen, daß die weibchenbestimmenden Faktoren stets rein mütterlich vererbt werden. Ob hierfür das Protoplasma in Frage kommt oder das Y-Chromosom, ist noch nicht sicher entschieden, doch ist das erstere wahrscheinlicher. Abgesehen davon ergibt sich aus den Versuchen dieselbe Formulierung des Erbmechanismus, wie wir sie an *Drosophila* kennengelernt haben, nur der weiblichen Heterogamie entsprechend umgekehrt. Auch hier enthält jedes Individuum die geschlechtsbestimmenden Faktoren der beiden Geschlechter. Beide Geschlechter enthalten einen weiblichen Realisator $\boxed{\mathbf{F}}$ (die Umrahmung deutet die mütterliche Vererbung an) und einen Männlichkeitsbestimmer **M**, der im X-Chromosom liegt. Der letztere ist im männlichen Geschlecht homogametisch $\boxed{\mathbf{F}}$ **M M**, im weiblichen heterogametisch $\boxed{\mathbf{F}}$ **M**. Auch hier wirken **F** und **M** unabhängig voneinander in einer quantitativ bestimmten Stärke, besitzen also verschiedene Valenz. „Die höhere Valenz ist dann entscheidend für das Resultat. Die Quantitäten sind aber derart, daß **M** schwächer ist als **F**, daher in der weiblichen Konstitution nicht zur Wirkung kommt, **MM** aber stärker als **F** und daher in der männlichen Form sich durchsetzt. Man kann nun zur Veranschaulichung der verschiedenen Valenzen willkürliche Zahlenwerte einsetzen. Nehmen wir an, die Weiblichkeitsanlage **F** sei 80 „Einheiten" stark, während einem Männlichkeitsfaktor die Wirkungskraft 60 zukommt. In der weiblichen Formel $\boxed{\mathbf{F}}$ **Mm** ist dann das **F** um 20 stärker als das **M**, in der männlichen Formel $\boxed{\mathbf{F}}$ **MM** sind dagegen die 2 M mit dem Wert 120 um 40 stärker als der weibliche Anteil." Wenn man noch annimmt, daß ein bestimmtes Minimum (epistatisches Minimum) nötig sei, um eine Geschlechtsanlage über die andere dominieren zu lassen (dies Minimum soll 20 Einheiten betragen), dann haben „wir ein Weibchen $\boxed{\mathbf{F}} - \mathbf{M} = > 20$ und ein Männchen, wenn $\mathbf{MM} - \boxed{\mathbf{F}} = > 20$; oder anders ausgedrückt: wenn wir die

Differenzen der beiden Anlagen e nennen, dann sind die Grenzwerte der beiden Geschlechter + 20 und — 20.“ Auf der beigegebenen Abbidung (Abb. 39) ist die Formel graphisch dargestellt, indem die Werte für e auf einer Geraden angeordnet sind; rechts von + 20 sind Männchen, links von — 20 sind Weibchen, dazwischen sind die intersexuellen Formen. Sind sie heterozygot für M, dann sind sie intersexuelle Weibchen, sind sie homozygot für M, dann sind sie intersexuelle Männchen.

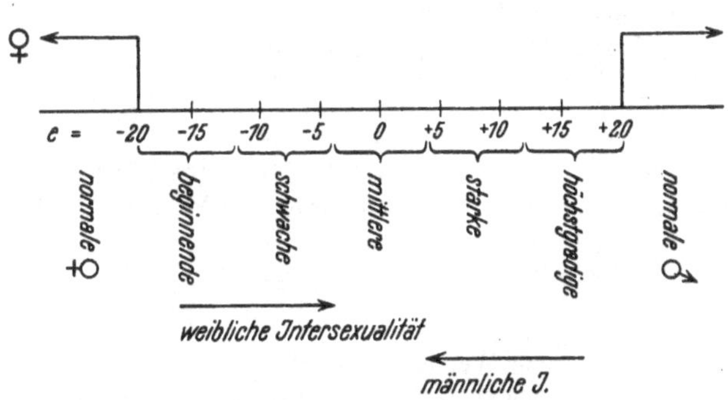

Abb. 39. Schematische Darstellung der Intersexualitätstypen als Ausdruck der Valenzdifferenz F minus M. Nach Goldschmidt.

„Durch diese Annahme lassen sich die merkwürdigen Erscheinungen ohne weiteres erklären. An einem Beispiel sei dies noch näher erläutert. Angenommen, wir haben zwei Rassen, die beide normal sind in bezug auf die quantitative Relation ihrer Geschlechtsfaktoren, die sich aber in den absoluten Werten der Valenzen unterscheiden. Wir sprechen dabei der Einfachheit halber von starken Formen, wenn die Valenz von **M** relativ hoch ist, und entsprechend von schwachen Formen. Wir könnten dann die folgenden Valenzverhältnisse finden:

Schwache Europäer		Starke Japaner
♀ (F) Mm		♀ (Fa) Ma m
80 60		100 80
	b a	
♂ (F) M M		♂ (Fa) Ma Ma
80 60 60		100 80 80

Es ist klar, daß beide Rassen, wenn rein gezüchtet, sexuell normal sind. Kreuzen wir dann ein japanisches Weibchen mit einem europäischen Männchen (Pfeil a), dann ist F_1:

F_1 ♀ (Fa) Mm F_1 ♂ (Fa) Ma M
100 60   100 80 60
140

Der Wert e beträgt dann + und — 40, beide Geschlechter sind normal. Die reziproke Kreuzung aber (Pfeil b) gibt in F_1:

F_1 ♀ (F) Ma m   F. ♂ (F) M Ma
80 80   80 80 60
140

Hier ist nun beim Weibchen e = 80 — 80 = 0. Die Weibchen sind also intersexuell, genau halbwegs zwischen den Geschlechtern. Dies erklärt nun ohne weiteres die Resultate der verschiedenen Kreuzungen, die oben aufgezählt wurden."

Die eben geschilderte auf Grund der Intersexualitätserscheinungen von *Drosophila* und *Lymantria* gewonnene Auffassung von der Lokalisation und der quantitativen Wirkung der geschlechtsbestimmenden Faktoren wurde früher vielfach auf alle genetisch bedingten Sexualitätserscheinungen der Tiere und Blütenpflanzen angewendet. Neuere Untersuchungen haben jedoch ergeben, daß die oben (S. 51) mitgeteilte einfache Formulierung auf Grund der *Bryonia*-Versuche bei manchen Blütenpflanzen sicher zutrifft, ja daß ihr vermutlich eine weite Verbreitung bei Pflanzen und Tieren zukommt. So hat sie sich für die Erklärung der sog. Sekundärhermaphroditen von *Melandrium* (Lichtnelke) als zutreffend erwiesen. Auch bei den eigenartigen Geschlechtsverhältnissen der Fische kann mit dieser Formulierung gerechnet werden. Die umfassende allgemeine Theorie der Geschlechtsbestimmung diploider Organismen wird aber durch die verschiedene Lokalisation der Realisatoren nicht berührt. Die allgemeinen Prinzipien, die bisexuelle Potenz, die Heterogametie des einen Geschlechts und die quantitativ verschieden starke Wirkung der Realisatoren gelten für alle Formulierungen.

Auch sonst bestehen hinsichtlich der Einzelheiten der Lokalisation der Realisatoren starke Unterschiede: So ist zwar bei der Mehrzahl der getrenntgeschlechtlichen Blütenpflanzen und Tiere das männliche Geschlecht das heterozygote, bei anderen aber das weibliche; bei *Drosophila* liegen die ♀ Realisatoren im X-Chromosom, die ♂ in den Autosomen; bei *Lymantria* dagegen sind die ♂ Realisatoren (entsprechend der ♀ Heterogametie) im X-Chromosom, die ♀ aber nicht in den Autosomen, sondern im Plasma oder Y-Chromosom; und weiter, bei *Drosophila* ist das Y-Chromosom frei von Geschlechtsrealisatoren, bei der Lichtnelke *Melandrium*, wahrscheinlich auch bei Fröschen und manchen Fischen (gewissen Zahnkarpfen) enthält es die ♂ Realisatoren. So würde es wohl heute auch keine große Überraschung mehr hervorrufen, wenn noch andere Arten der Lokalisation der Geschlechtsrealisatoren bei diploiden Organismen nachgewiesen würden. Das Prinzip und die allgemeine Theorie bleiben doch dieselben: in den X-Chromosomen die Realisatoren des einen Geschlechts im Y-Chromosom oder in den Autosomen die Realisatoren des andern Geschlechts.

4. Konkurrenzversuche.

Die Grundvoraussetzung der Theorie der diplogenotypischen Geschlechtsbestimmung, die Heterogametie des einen Geschlechtes kann noch durch eine weitere Gruppe von Tatsachen aufgezeigt werden, durch die sog. Konkurrenzversuche. Wenn man die Blüten einer weiblichen Pflanze im einen Falle mit sehr viel und im anderen mit sehr wenig Pollen bestäubt, so kommen auf jede Samenanlage im ersten Falle bei „Überbestäubung“ viele Pollenkörner, im andern bei „Unterbestäubung“ nur wenige oder ein einziges, oder auch auf mehrere Samenanlagen nur ein Korn. Bei Überbestäubung ist also eine starke Konkurrenz der Pollenschläuche um die Eizellen möglich, im andern Falle ist jeder Wettbewerb aufgehoben.

Bei gleicher erblicher Veranlagung und gleicher Befruchtungsfähigkeit der Pollen bleibt die Pollenmenge ohne Einfluß auf die Beschaffenheit der Nachkommen, abgesehen von der größeren oder geringeren Zahl der befruchteten Eizellen. Auch wenn es zwei erblich verschiedene Sorten von Pollenkörnern gibt, aber beide Sorten gleich befruchtungsfähig sind, kann die größere oder kleinere Menge der zur Bestäubung verwendeten Pollenkörner nur die Zahl, nicht die Beschaffenheit der Nachkommen beeinflussen. Ein anderes Ergebnis wird jedoch eintreten, wenn von zweierlei Sorten von Pollenkörnern die eine befähigt ist, die Spermakerne rascher zu den Eizellen zu bringen als die andere. Hier wird nur die Unterbestäubung, bei der keine Konkurrenz der beiden Pollensorten möglich ist, das normale Zahlenverhältnis des Geschlechtes der Nachkommen ergeben. Bei Überbestäubung ist dagegen die konkurrenzfähige Sorte im Vorteil und es müssen verhältnismäßig mehr Nachkommen von dem Geschlecht auftreten, das aus der Befruchtung mit den Pollenkörnern dieser rascheren Sorte zustande kommt. Wenn sich also das Zahlenverhältnis der zweierlei Nachkommen durch Vermehrung der Pollenkörner abändern läßt (bei Gleichheit aller übrigen Bedingungen), so kann daraus auf das Vorhandensein von zweierlei Sorten von Pollenkörnern geschlossen werden.

Versuche an *Melandrium* (Lichtnelke) und *Rumex acetosa* (Sauerampher) haben in der Tat ergeben, daß die reichliche Pollenbestäubung den Prozentsatz der Weibchen stark erhöht im Gegensatz zur Unterbestäubung. Damit ist gezeigt, daß es hier zweierlei Pollenkörner geben muß, männchenbestimmende und weibchenbestimmende. Auch bei Säugetieren (Mäusen) hat man solche Ergebnisse erzielt, indem man künstlich ein verschiedenes Verhalten der beiden Spermiensorten herbeiführen konnte. Durch Behandlung der Väter mit Alkohol wird hier die weibchenbestimmende Sorte von Spermien mehr geschädigt als die männchenbestimmende, so daß bei der Verwendung von solchem Sperma ein vom normalen Geschlechtsverhältnis abweichender Überschuß von Männchen zustande kommt. Auch das Problem der sog. willkürlichen Geschlechtsbestimmung bei diploiden Tieren kann in Anbetracht der erblichen Festlegung des Geschlechtes nur auf diesem Wege angegangen werden, indem versucht wird, durch Begünstigung der einen Sorte der Geschlechtszellen des heterogametischen Geschlechts das Zahlenverhältnis der Geschlechter nach einer Seite hin zu verschieben. Dieser Weg könnte vielleicht für die Tierzucht Bedeutung gewinnen.

5. Zusammenfassung.

Alle fünf Beweisgruppen, von denen im vorstehenden nur vier geschildert wurden, haben übereinstimmend ergeben, daß die erbliche Geschlechtsbestimmung der diploiden Organismen nach dem Schema der Rückkreuzung eines einfach mendelnden Bastards mit seinem rezessiven Elter erfolgt und daß das eine Geschlecht homogametisch ist, nur eine Sorte von Keimzellen bildet, während das andere heterogametisch ist und zwei Sorten von Keimzellen, männchenbestimmende und weibchenbestimmende hervorbringt. In dem Geschlechtschromosomenmechanismus wurden zugleich die mikroskopisch sichtbaren Grundlagen für diese allgemeine Theorie der diplogenotypischen Geschlechtsbestimmung gefunden und die Analyse der triploiden Intersexe und der Intersexe, die nach Bastardierung geographischer Rassen auftreten, hat die genauere Lokalisation der F- und M-Faktoren erkennen lassen. Bei der Formulierung der haplogenotypischen Geschlechtsbestimmung wurden diese F- und M-Faktoren als Realisatoren bezeichnet und außerdem eine allgemeine bisexuelle Potenz A G angenommen. Je nach dem Übergewicht der F- oder M-Realisatoren kommen dann nur die Potenzen G des weiblichen oder die A-Potenzen des männlichen Geschlechtes zur Entfaltung.

Daß auch bei Diplonten die eigentlichen Geschlechtsanlagen, die Potenzen für beide Geschlechter, nicht nur in jedem geschlechtlich differenzierten Individuum, sondern auch in jeder männlichen und weiblichen Gamete in entfaltbarem Zustand enthalten sind, läßt sich durch Kreuzungsversuche leicht zeigen. Männliche Keimzellen, vermögen nämlich bei solchen Kreuzungen erbliche Eigentümlichkeiten der primären Geschlechtsorgane, also auch der Gameten des entgegengesetzten weiblichen Geschlechts zu übertragen und umgekehrt weibliche die des männlichen Geschlechts. Auch andere Erfahrungen sprechen ganz in diesem Sinn. So wird durch Infektion mit dem Brandpilz *Ustilago violacea* bei einer genetisch weiblichen Blüte von *Melandrium* (Lichtnelke) die Ausbildung der männlichen Organe, der Antheren, veranlaßt, wobei dann der Fruchtknoten äußerlich wenig reduziert ist, aber untauglich wird (Abb. 40). Der Pilz bewirkt also, daß die Geschlechtsorgane des andern Geschlechts zur Ausbildung gelangen. Auch normalerweise werden vielfach bei getrenntgeschlechtlichen höheren Tieren und Pflanzen spontane Geschlechtsänderungen beobachtet. Es ist bekannt, daß Individuen von getrenntgeschlechtlichen weiblichen Pflanzen hier und da an größeren Teilen ohne erkennbare äußere Ursachen die Organe des andern Geschlechts zur Ausbildung bringen. Bei andern Pflanzen tritt das regelmäßig im Alter ein und ähnliche Beobachtungen werden vielfach bei Vögeln, spez. Hühnern und Enten, gemacht, bei deren Weibchen im Alter häufig die sekundären Geschlechtsmerkmale des männlichen Geschlechtes auftreten (Hahnenfedrigkeit). Diese Veränderung ist hier durch hormonale Störungen bedingt. Wie wir später sehen werden, kann das geradezu zu vollständiger Geschlechtsumkehr führen. Schließlich bilden die oben berichteten Erscheinungen der Intersexualität bei Schmetterlingen und *Drosophila* ein besonders eindrucksvolles Beispiel für die bisexuelle Potenz auch der erblich determinierten Geschlechter.

Abb. 40. *Melandrium* (Lichtnelke). Blüte einer weiblichen Pflanze, von *Ustilago violacea* (Rostpilz) befallen, ohne Kelch, angeschnitten, um die gut entwickelten Staubblätter mit dem Sporenpulver des Pilzes und den zurückgebildeten Fruchtknoten zu zeigen. Nach Correns.

Wie bei der haplogenotypischen Geschlechtsbestimmung muß aber auch hier trotzdem die Frage geprüft werden, ob überhaupt die Annahme besonderer A G-Potenzen notwendig ist, und ob nicht das gleichzeitige Vorhandensein von F- und M-Realisatoren genüge. Da die aus den *Bryonia*-Versuchen abgeleitete einfache Formulierung tatsächlich zutrifft (*Melandrium*, Lichtnelke), so ist damit auf Grund der oben mitgeteilten Befunde die Frage in bejahendem Sinne beantwortet, da die Keimzellen in diesem Falle stets nur eine Sorte von Realisatoren enthalten, und auch die Geschlechtsindividuen selbst nur im heterogametischen Geschlecht zwei Realisatoren aufweisen. Nun hat aber die Analyse der Intersexualitätserscheinungen der Taufliege *Drosophila* und des Schwammspinners ergeben, daß nicht nur in jedem der diploiden Geschlechtsindividuen, sondern auch in den zweierlei haploiden Geschlechtszellen, den männlichen wie den weiblichen, beide

Sorten von Realisatoren vorhanden sind, so daß die Frage für diese Fälle offen bleibt.

Neue Befunde über die Geschlechtsbestimmung und Geschlechtsvererbung beim Mais lassen deutlich erkennen, wie sich aus einer zwittrigen Form mit nichterblicher Geschlechtsbestimmung eine getrenntgeschlechtliche mit genotypischer Geschlechtsbestimmung entwickeln kann, indem somatische Gene durch eine Änderung ihres Gefüges, durch sog. Mutation, zu F- und M-Genen werden können. Zugleich zeigt die Entstehung derselben, daß es keine Erbfaktoren sind, die weibliches und männliches Geschlecht an sich (was wir mit A G bezeichnen) bewirken, sondern nur Geschlechtsbestimmer oder Realisatoren, die dahin wirken, daß nur die eine Art der Potenzen zur Entwicklung kommen kann.

Bei dem zwittrigen Mais werden in den terminalen Blütenständen die normalen männlichen Organe, die Antheren gebildet, während die Fruchtknoten rudimentär sind; umgekehrt in den seitlichen (lateralen) Blütenständen die weiblichen Fruchtknoten neben rudimentären Antheren.

Die Mutation ts_2 (tassel $seed_2$), ein rezessives Allel eines somatischen Erbfaktors, ändert im homozygoten Zustand die Blüten der terminalen Blütenstände in weibliche um, während die lateralen ähnlich wie im normalen verharren. Die mutierten Gene unterdrücken also die Ausbildung der männlichen Potenzen gegenüber der früheren zwittrigen Tendenz der Zellen, sodaß nur die F-Realisatoren in Wirkung treten. Aus der zwittrigen Pflanze (Ts_2 Ts_2) ist dadurch eine vorwiegend oder ganz weibliche entstanden (ts_2 ts_2).

Die Mutation eines anderen somatischen Gens sk (silkless), das in einem andern Chromosom liegt, macht homozygot die lateralen Blütenstände steril, während die terminalen Blütenstände vollfunktionsfähige Antheren behalten. Diese Gene hemmen also vollkommen die weiblichen Potenzen, sodaß nur die M-Realisatoren wirken. Kombiniert man nun beide Mutationen, so erhält man Individuen von der Formel (ts_2 ts_2 sksk), in der Schreibweise als Geschlechtsrealisatoren (FFMM). Diese Pflanzen erweisen sich aber als Weibchen, die funktionsfähige terminale und laterale weibliche Blüten besitzen. Es wirkt also $ts_2 ts_2$ stärker als sksk, anders ausgedrückt FF > MM. Im heterozygoten Zustand Ts_2 ts_2 unterbleibt aber die weibchenbestimmende Wirkung von ts_2 (die Unterdrückung der männlichen Antheren in den terminalen Blütenständen) und die Pflanzen von der Formel Ts_2 ts_2 sksk (FfMM) sind funktionsfähige Männchen. Die neuentstandenen Pflanzen ts_2 ts_2 sksk und Ts_2 ts_2 sksk sind also erblich getrenntgeschlechtliche weibliche und männliche Maispflanzen. Ihre Erbformel entspricht aber, wie ersichtlich, ganz der oben abgeleiteten Formel von *Drosophila* FFMM = ♀ und FfMM = ♂, wobei aber M nicht in den Autosomen, sondern in einem Autosom liegt.

In der folgenden Tabelle sind in übersichtlicher Weise die verschiedenen Geschlechtsverhältnisse der einzelnen Mutanten vom Mais zusammengestellt.

Ts_2Ts_2	SKSK	=	normale zwittrige Maispflanzen ohne Realisatoren
ts_2ts_2	SKSK	=	♀ Pflanzen (homog.) mit 2 F-Realisatoren
Ts_2Ts_2	sksk	=	♂ Pflanzen (homog.) mit 2 M-Realisatoren
ts_2ts_2	sksk	=	♀ Pflanzen (homog.) mit 2 F- und 2 M-Realisatoren (F > M)
Ts_2ts_2	sksk	=	♂ Pflanzen (heterog.) mit 1 F- und 2 M-Realisatoren (2F > 1M).

Diese Versuche sind deshalb so bedeutungsvoll, weil sie einmal zeigen, wie aus zwittrigen diploiden Organismen mit nichterblicher, modifikatorischer Geschlechtsbestimmung durch Mutation somatischer Gene eine erbliche Getrenntgeschlechtlichkeit entstehen kann, und zum andern bieten sie ein sinnfälliges Modell für den Homozygotie-Heterozygotie-Mechanismus mit männlicher Heterogametie. In Kombinationen mit einer anderen Mutation ist auch der Übergang von Zwittrigkeit zu Getrenntgeschlechtlichkeit mit weiblicher Heterogametie beim Mais beobachtet worden. Dem schließt sich ein Befund an *Drosophila virilis* an, wobei die Mutante eines somatischen Gens homozygot das männliche Geschlecht in das weibliche umwandelt.

Alle diese Fälle zeigen aber zugleich eindringlich, daß diese geschlechtsbestimmenden Gene der diploiden Organismen nur Realisatoren sein können, die im Zusammenwirken mit andern Genen und dem gesamten Genbestand dahin wirken, daß in alternativer Weise nur die Potenzen des einen oder andern Geschlechtes sich entwickeln. Es muß also neben oder besser gesagt vor den geschlechtsbestimmenden Genen F und M unbedingt festgehalten werden an der Annahme einer allgemeinen bisexuellen Potenz AG, an der alternativen Reaktionsnorm der betreffenden Organismen, Merkmale der weiblichen oder männlichen Geschlechter zur Entfaltung zu bringen.

2. Die nichterbliche Geschlechtsbestimmung.

Unter den niedern Organismen, Protisten und Thallophyten, aber auch unter höheren Pflanzen und wirbellosen Metazoen ist die Gemischtgeschlechtlichkeit, die wohl immer mit modifikatorischer Geschlechtsbestimmung verbunden ist, weit verbreitet. Sie findet sich sowohl bei Formen, deren Geschlecht äußerlich durch die Anwesenheit männlicher und weiblicher Geschlechtsorgane oder die Bildung männlicher und weiblicher Gameten deutlich in Erscheinung tritt, als auch bei Formen mit morphologischer Isogamie. Aber auch die Geschlechtsbestimmung getrenntgeschlechtlicher Pflanzen und Tiere kann nichterblich, rein modifikatorisch bewirkt sein. Das Wesen der nichterblichen Geschlechtsbestimmung besteht darin, daß die betreffenden Organismen die Fähigkeiten zur Ausbildung der beiden Arten von Geschlechtszellen, der weiblichen wie der männlichen, der +- wie der —-Gameten, in gleicher Entfaltungsmöglichkeit besitzen und daß äußere Entwicklungsbedingungen, also Außenfaktoren, oder im Innern des Organismus im Laufe der Entwicklung sich einstellende innere Bedingungen (die für die Geschlechtszellen jedoch ebenfalls Außenbedingungen darstellen) an genetisch gleichen Zellen darüber entscheiden, daß einzelne Zellen resp. Zellkomplexe zu männlichen, andere zu weiblichen Gameten werden. Jede Zelle des betr. Organismus hat mithin die Fähigkeit, entweder nach der weiblichen oder nach der männlichen Richtung hin sich zu entwickeln, und es hängt einzig und allein von Umweltbedingungen im weitesten Sinne ab, welche der beiden Richtungen eingeschlagen wird, ob die Keimzelle eine männliche oder weibliche Tendenz erhält. Eine solche männliche oder weibliche Tendenz kann sowohl in einer haploiden wie in einer diploiden Phase, einem haploiden oder diploiden Organismus herbeigeführt und festgehalten werden, wobei in jedem Fall im Prinzip der Mechanismus der gleiche ist. Trotzdem wollen wir die beiden Typen getrennt betrachten.

a) Nichterbliche Geschlechtsbestimmung in der Haplophase.

Viele Algen und Pilze, seien es reine Haplonten oder Diplohaplonten, sowie eine Reihe von Protozoen weisen Gemischtgeschlechtlichkeit mit nichterblicher Geschlechtsbestimmung in der Haplophase auf. Auch die gemischtgeschlechtlichen Moose gehören hierher. Bei Formen mit äußerlich verschiedenen Geschlechtszellen, wie die gemischtgeschlechtlichen Moose, viele Algen und Pilze, ist dieser Typus der Geschlechtsbestimmung ohne weiteres erkennbar. Oben wurde schon in Kap. 2 die Braunalge *Giffordia* als ein Beispiel von Gemischtgeschlechtlichkeit geschildert, desgl. gemischtgeschlechtliche Spirogyren (s. S. 16). Hier seien als weitere Beispiele die heterogamen Mucorineen (Schimmelpilze) und die gemischtgeschlechtlichen Moose angeführt. Bei ersteren z. B. *Zygorrhynchus heterogamus* (Abb. 41) entsteht aus einem Lateralast das weibliche Oogon, aus dem Terminalast das männliche Antheridium. Vielfach ist die Geschlechtsdifferenzierung dieser Pilze noch sehr labil; so wächst z. B. der weiblich determinierte Seitenast, wenn er nicht zur Kopulation gelangt, weiter und kann seinerseits einen Seitenast zweiter Ordnung erzeugen, wobei aber jetzt der Seitenast erster Ordnung gegenüber dem zweiten männlich wird. Auch bei einer anderen Pilzgruppe, den Saprolegniaceen, ist die Geschlechtsdifferenzierung sehr labil. So zeigt die Abb. 42a, wie auf einem Oogonium ein Antheridienschlauch ausgewachsen ist und Abb. 42b wie ein Antheridienschlauch an der Spitze zu einem Oogonium ausgewachsen und angeschwollen ist. Die bereits angelegten und morphologisch kenntlichen Geschlechtszellen (resp. Gametangien) sind also in beiden Fällen morphologisch und physiologisch in das entgegengesetzte Geschlecht umgeschlagen. Ein klares Beispiel einer nichterblichen Geschlechtsbestimmung in der Haplophase zeigen ferner die isogamen Infusorien. Oben wurde bereits beschrieben, daß hier nach den Reduktionsteilungen nach der dritten Mikronucleusteilung die Geschlechtsbestim-

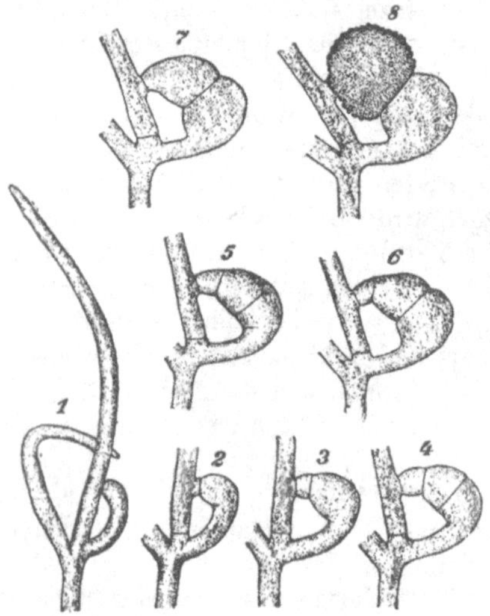

Abb. 41. *Zygorrhynchus heterogamus* (Mucorinee). Anisogamer zwittriger Pilz (haplomonöcisch) mit Gametangienkopulation, 1—8 aufeinanderfolgende Stadien der Zygotenbildung. Am Terminalast entsteht das ♂ Gametangium (Antheridium), am Lateralast das ♀ Gametangium (Oogon) (3—6). Nach Blakeslee.

mung erfolgt, indem ein männlicher Wanderkern und ein weiblicher stationärer Kern daraus hervorgeht. Da sich dies aber in einem haploiden Kern abspielt, bei dem keine verschiedenen Erbfaktoren verteilt werden können, so kann es

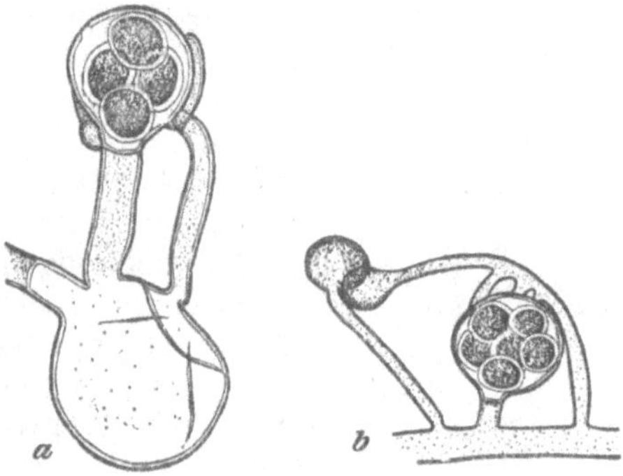

Abb. 42. *Achlya americana* (Oomycet, Saprolegniacee). a Aus einem Oogonium sprossen ein Oogonium und Antheridienschlauch. b Antheridienschläuche am Ende zu Oogonien angeschwollen. Nach Humphrey.

nur auf nichterbliche (modifikatorische) Weise zustande kommen. Nichterbliche Geschlechtsbestimmung in der Haplophase zeigen auch die gemischtgeschlechtlichen Moose. Aus dem diploiden Sporogon gehen nach Reduktionsteilungen haploide Sporen hervor, die sich zu den haploiden Geschlechtspflänzchen entwickeln. Auf diesen haploiden Pflänzchen bilden die zwittrigen Arten beiderlei Geschlechtsorgane, männliche Antheridien (männliche „Blüten") und weibliche Archegonien (weibliche „Blüten") aus (Abb. 43).

Bei manchen haploiden Organismen von ausgesprochener Getrenntgeschlechtlichkeit hat sich nun gezeigt, daß auch diese Diöcie rein modifikatorisch zustande kommen und festgehalten werden kann. Das war zunächst etwas unerwartet, ist aber durchaus verständlich. Dieser Fall liegt z. B. bei der getrenntgeschlechtlichen *Spirogyra weberi* (Konjugate Alge) vor, die zu jenen Spirogyren gehört, die nur leiterförmig kopulieren (S. Abb. 6b, S. 16). Wenn man einzelne vegetativ gebliebene Zellen männlicher oder weiblicher Fäden, die untereinander kopulieren, abtrennt und gesondert weiter züchtet, so treten später normal leiterförmig kopulierende Fäden auf. Das wurde an zwei Kulturen, deren je eine von rein männlichem und von rein weiblichem Zellmaterial ausgegangen war, festgestellt. Hier muß also einfach in frühen Entwicklungsstadien modifikatorisch durch Außenbedingungen Geschlechtstrennung stattgefunden haben; die ganzen Zellfäden sind dadurch weiblich oder männlich geworden. Auch bei andern Algen sind ähnliche Erfahrungen gemacht worden.

Abb. 43. *Funaria hygrometrica* (Moos). A Zwittriges Pflänzchen, B nach der Befruchtung, die Haube tritt aus der weiblichen „Blüte" hervor, C der Sporophyt (sp) entwickelt, die Haube abgefallen. Nach Boodle.

Manchmal läßt sich auch der zwittrige Zustand haploider Formen durch Außenbedingungen in einen getrenntgeschlechtlichen überführen. So kann man bei zwittrigen Rassen von *Protosiphon botryoides* (Grünalge) durch Behandlung mit saueren Lösungen das Überwiegen von +-Gameten, durch alkalische Lösungen das Überwiegen von —-Gameten hervorrufen. Setzt man saurer Kulturlösung noch Filtrate von +-Gameten hinzu, so entstehen nur +-Gameten, in alkalischen Filtraten von —-Gameten nur —-Gameten. Der Zwitterzustand kann also experimentell in einen rein getrenntgeschlechtlichen umgewandelt werden. Bei *Chlamydomonas eugametos* wurden besondere ♀ und ♂ geschlechtsbestimmende Stoffe, sog. Termone, nachgewiesen. Bei Behandlung mit diesen Stoffen bilden zwittrige Sippen nur rein ♀ oder rein ♂ Gameten.

Die Bildung dieser geschlechtsbestimmenden Stoffe (Termone) ist von den F- und M-Genen, sowie weiteren von diesen aktivierten Erbfaktoren abhängig. Bei *Chlamydomonas eugametos*, bei der sie bisher allein genetisch und chemisch näher untersucht werden konnten, kommt das ♂ Androtermon durch Spaltung von Picrocrocin (dem Bitterstoff des Safrans) in Safranal resp. dessen Oxy-Aldehyd durch ein Ferment zustande. Das betreffende Ferment wird von einem mit dem M-Faktor gekoppelten Gen gebildet. Das Picrocrocin ist seinerseits ein Spaltprodukt des Crocins (des Geißelbildungsstoffes der Gameten), während dessen andere Spalthälfte die cis- und trans-Crocetindimethylester darstellt, letztere haben wir schon früher (S. 27 u. 44) als Gamone von *Chlamydomonas* kennen gelernt. Das vom F-Realisator kontrollierte Gynotermon ist dagegen kein Carotinoid-, sondern ein Flavenol-Farbstoff, das Isorhamnetin (= Quercetin — 3' — methyläther). Dieser Stoff wurde sowohl aus Massenkulturen eines weiblichen Stammes von *Chlamydomonas eugametos* gewonnen als auch durch Totalsynthese.

Die Erscheinungen der nichterblichen Geschlechtsbestimmung in der Haplophase zeigen somit in besonders deutlicher Weise, daß nicht nur die differenzierten Geschlechtsindividuen und primären Geschlechtsorgane, sondern auch die weiblichen und männlichen Geschlechtszellen trotz ihrer einfachen Chromosomengarnitur die Potenzen der beiden Geschlechter besitzen.

b) Nichterbliche Geschlechtsbestimmung in der Diplophase.

Der zweite Typus der nichterblichen Geschlechtsbestimmung findet sich bei manchen diploiden Protozoen und Algen, den heterosporen Farnen, sowie den primär gemischtgeschlechtlichen Blütenpflanzen und hermaphroditen Tieren. Doch gibt es auch bei diploiden Algen und Metazoen nach neueren Untersuchungen Fälle von Getrenntgeschlechtlichkeit (Diöcie), die modifikatorisch, nicht erblich bedingt sind und daher hierher gehören. Dieser Typus ist dadurch gekennzeichnet, daß die Geschlechtstrennung stets innerhalb der diploiden Phase erfolgt (nicht wie bei genotypischer Geschlechtsbestimmung durch die Reduktion resp. Reduktion und Befruchtung). Dabei tritt ja keinerlei Änderung der erblichen Konstitution ein, da alle Chromosomen des zweifachen Satzes gleichmäßig verteilt werden. Durch äußere oder innere Entwicklungsbedingungen erlangen in diesem Falle diploide Zellen oder Zellgruppen eine männliche oder weibliche Tendenz.

Bei einigen Formen ist das besonders anschaulich, weil die Geschlechtstrennung an eine bestimmte einfache Zellteilung geknüpft ist. Das ist z. B. bei dem Sonnentierchen *Actinophrys sol* der Fall, dessen Befruchtung S. 15 geschildert wurde. Die beiden Gameten, von denen wir wissen, daß sie weiblich und männlich differenziert sind, werden in der Art gebildet, daß ein diploides *Actinophrys*-Individuen sich einzeln encystiert und innerhalb der Cyste in zwei Zellen teilt, die sich später nach Durchführung der Reduktionsteilungen als männlich und weiblich differenzierte Gameten herausstellen. Ähnlich liegen die Dinge bei dem Pfeilwurm *Sagitta*. Nach der Gastrulation teilen sich nämlich die beiden vollkommen gleichen diploiden Urgeschlechtszellen in vier Zellen; zwei davon sind größer, kommen nach vorn zu liegen und ergeben später dic Ovarien, die zwei kleineren, nach rückwärts liegenden werden dagegen zu den beiden Hoden (Abb. 44 und 45).

Bei den heterosporen Farnen liegt der merkwürdige Fall vor, daß die hier scharf ausgeprägte Getrenntgeschlechtlichkeit der haploiden Geschlechtsgeneration phaenotypisch bereits in der diploiden ungeschlechtlichen Generation, dem

Sporophyten, zustande kommt, indem diploide makrosporenbildende Sporangien nud mikrosporenbildende Sporangien zur Ausbildung gelangen (Abb. 46). Aus den Makrosporen entstehen später die weiblichen, aus den Mikrosporen die männlichen Pflanzen. Da bei der Makro- und Mikrosporangienbildung an der gene-

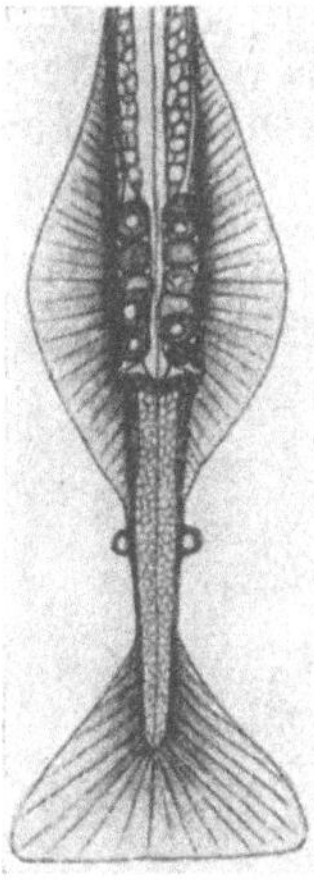

Abb. 44.

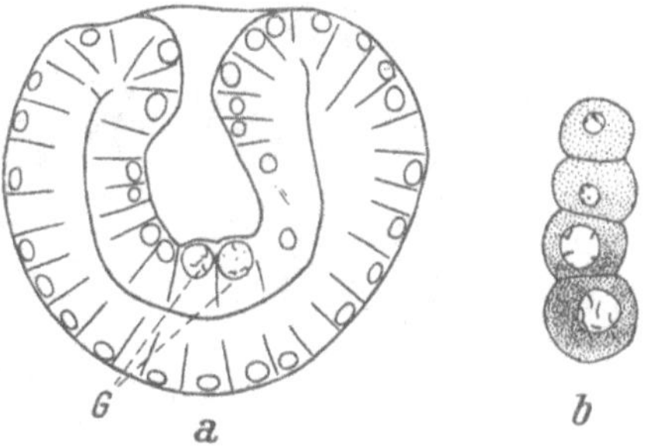

Abb. 45.

Abb. 44. *Sagitta* (Pfeilwurm). Hintere Körperhälfte des zwittrigen Tieres. Im Rumpfsegment die Ovarien mit großen Eiern. Im Schwanzsegment liegen vorn und vorn-seitlich die Hoden (grau), während die Leibeshöhle von freien Samenbildungszellen erfüllt ist; seitlich sitzen ihm die runden Samenblasen auf. Nach Witschi.

Abb. 45. *Sagitta* (Pfeilwurm). a die fertile Gastrula mit den Keimbahnzellen (G) am Grunde; b die 4 Urgeschlechtszellen (2 ♂, 2 ♀) soeben aus der 7. Keimbahnteilung hervorgegangen. Nach Elpatiewsky.

tischen Konstitution der diploiden Generation nichts geändert wird, so kann es sich auch hier nur um eine nichterblich phaenotypische Geschlechtsbestimmung handeln.

Es hat sich weiterhin herausgestellt, daß dieselbe diploide Algenart sowohl in getrenntgeschlechtlichem wie in gemischtgeschlechtlichem Zustand auftreten kann, und zwar handelt es sich dabei nicht (wie bei den oben beschriebenen verschiedenen gemischt -und getrenntgeschlechtlichen Protosiphonrassen) um verschiedene Rassen, sondern dieser verschiedene sexuelle Zustand kann bei der gleichen Rasse, ja an demselben Individuum auftreten. Da hier die Geschlechtstrennung während der diploiden Phase erfolgt und bei demselben genetischen Material entweder auf einem früheren oder späteren Entwicklungsstadium stattfinden kann, so kann es sich nur

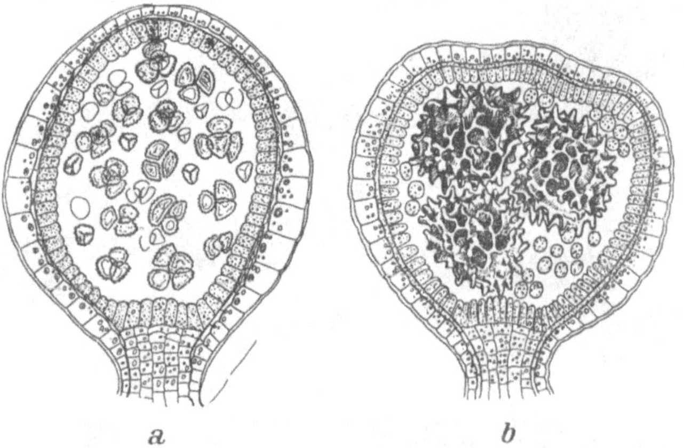

Abb. 46. *Selaginella* (Farn). a Mikrosporangium, b Makrosporangium. Nach Bower.

um nichterbliche Geschlechtsbestimmung handeln. Derartige Verhältnisse findet man bei den diploiden Algengattungen *Dasycladus* und *Codium* (Grünalgen). Ein und dieselbe Pflanze kann entweder nur Gameten eines Geschlechtes liefern (*Codium* ist deutlich anisogam) oder aber beide Geschlechter zugleich. Die männlichen und weiblichen Gametangien von *Codium* können entweder auf verschiedenen Blasen oder gar auf der gleichen Blase zur Entwicklung gelangen. Der getrennt- oder gemischtgeschlechtliche Zustand tritt bei beiden Algengattungen zu verschiedenen Jahreszeiten auf.

Nach diesen Erfahrungen ist es nicht zu verwundern, wenn auch bei manchen Metazoen (nicht nur bei echten Zwittern oder Hermaphroditen, sondern auch bei getrenntgeschlechtlichen Arten) die Geschlechtsbestimmung nur nichterblich, modifikatorisch, bewirkt ist. Sehr deutlich läßt sich das bei manchen Trematoden (Saugwürmer) erkennen bei sog. Rudimentärhermaphroditen. Die ganze Ordnung der Trematoden ist fast ausschließlich zwitterig. In den Cysten mancher Arten entstehen nur zwei Keimschläuche und die sich daraus ungeschlechtlich entwickelnden Geschlechtstiere bleiben dauernd in der Cyste eingeschlossen (Abb. 47). Beide sind zwar Zwitter, doch tritt ein geschlechtlicher Dimorphismus in der Weise zutage, daß der eine Partner größer ist und gut entwickelte Ovarien neben einem etwas reduzierten Hoden besitzt, während der andere kleiner bleibt und besonders große Hoden aufweist. Sehr stark ist dieser geschlechtliche Dimorphismus bei *Wedlia bipartita*. Hier kann man schon ohne weiteres von Getrenntgeschlechtlichkeit mit rudimentärem Hermaphroditismus sprechen (Abb. 48). Da bei diesen Trematoden die beiden innerhalb einer Cyste sich entwickelnden Geschlechtstiere von einer einzigen Zygote abstammen, mithin genetisch vollkommen gleich sind, kann die Geschlechtstrennung nicht auf

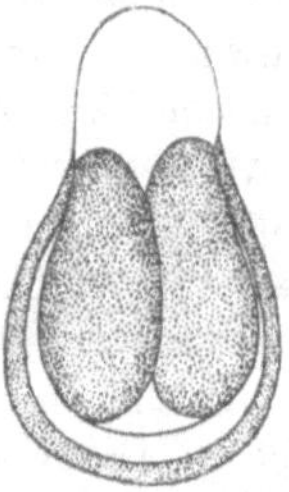

Abb. 47. *Collyriclum faba* (Saugwurm). Sporocyste mit je zwei Keimschläuchen, aus denen sich später die Geschlechtstiere entwickeln. Nach Jegen.

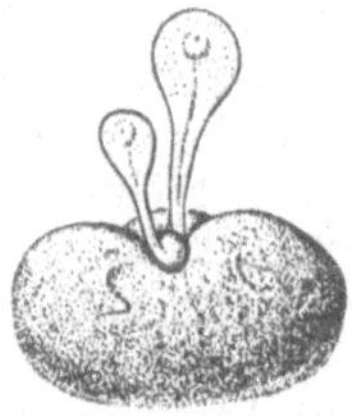

Abb. 48. *Wedlia bipartita* (Saugwurm). Weibchen mit rudimentärem Hermaphroditismus mit anhaftenden Zwergmännchen. Beide sind aus einer Cyste entstanden. Nach Ohdner.

erbliche, sondern nur auf modifikatorische Weise zustande kommen. Versuche an anderen rein getrenntgeschlechtlichen Würmern haben Beweise dafür erbracht, daß auch die strenge Getrenntgeschlechtlichkeit, die man bisher allgemein als erblich bedingt angesehen hat, modifikatorisch erfolgen kann.

Besonders klare Ergebnisse haben die Versuche an *Ophryotrocha puerilis* (Borstenwurm) ergeben. Alle jungen Tiere dieses marinen Wurmes sind bis zu etwa 15—20 Parapodiensegmenten männlich. Nach Bildung von 15—20 Segmenten wandeln sich aber alle jungen Männchen in Weibchen um. Der Jugendzustand ist männlichbestimmend, der erwachsene weiblichbestimmend (Abb. 49a, b). Schneidet man junge Tiere (bis zur Größe von 15 Segmenten) dauernd auf 5—10 Segmente zurück, so regenerieren die Vorderenden, werden schlank und bleiben auf diese Weise dauernd männlich. Auch alte erwachsene Weibchen (über 30 Segmente) werden nach Zurückschneiden auf 5—10 Segmente innerhalb 48 Stunden zu Männchen umgewandelt, wobei der breite plumpe Vorderkörper in einen schmalen jugendlichen umgebaut wird (Abb. 49c). Läßt man die operierten Tiere wieder heranwachsen, so werden sie im Stadium von 15—20 Segmenten wieder Weibchen, während sie bei fortgesetzter Operation klein und männlich bleiben. Die gleichen Ergebnisse, d. i. dauerndes Verbleiben im jugendlichen männlichen Zustand resp. die Umwandlung großer erwachsener Weibchen in schlanke Männchen, können auch durch Hunger erzielt werden (Abb. 49d), desgleichen aber auch durch erhöhten Gehalt an Kaliumionen in der Kulturflüssigkeit. Auch in dieser veränderten Kulturflüssigkeit bleiben die jungen Tiere klein und männlich, während große erwachsene Weibchen zu kleinen Tieren werden und gleichzeitig ihr Geschlecht verändern (Abb. 49e, f). Diese Versuche zeigen in besonders eindringlicher Weise, daß die Geschlechtsbestimmung bei diesem normalerweise getrenntgeschlechtlichen Wurm rein modifikatorisch bedingt ist.

Während bei *Ophryotrocha puerilis* äußere Geschlechtscharaktere fehlen, finden sich bei *Dinophilus apatris* und *Bonellia viridis* sehr ausgeprägte sekundäre Geschlechtsmerkmale,

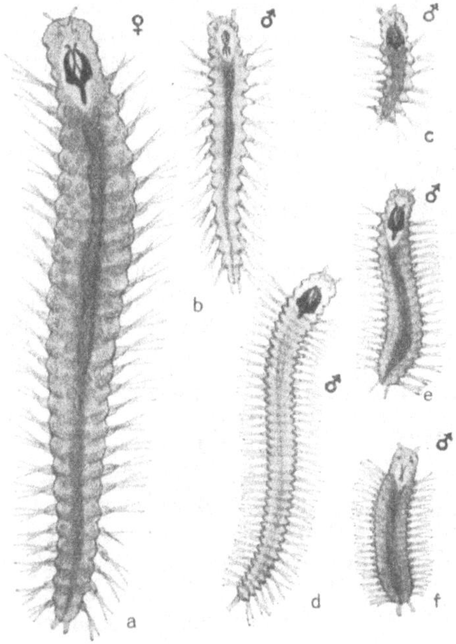

Abb. 49. *Ophryotrocha puerilis* (Borstenwurm). a und b normales ♀ und ♂. c—f Umwandlungsmännchen aus alten ehemaligen Weibchen, c durch Amputation, d durch Hunger, e durch Kaliumzusatz, f Dauermännchen in Seewasser mit erhöhtem Kaliumgehalt. Nach Hartmann und Huth.

die die gesamte Organisation der Tiere ergreifen. Die Männchen dieser Würmer sind kleine Zwerge, die sich im ganzen Bau von den großen Weibchen unterscheiden (Abb. 50). Trotzdem kommt auch in diesen beiden Fällen die Geschlechtsbestimmung rein modifikatorisch zustande. Bei *Bonellia viridis* werden die Larven des gleichen Geleges, die sich frei im Seewasser entwickeln, fast ausnahmslos Weibchen. Setzen sie sich aber auf dem Rüssel großer weiblicher Tiere fest, oder behandelt man sie mit Rüsselextrakt, so werden sie männlich. Läßt man die Larven nur kurze Zeit auf dem Rüssel sitzen, so entwickeln sich je nach der Dauer des Rüsselparasitismus verschiedene Stufen intersexueller Individuen mit männlichen und weiblichen Geschlechtsmerkmalen. Man kann die Larven auch in Seewasser zu männlicher Entwicklung bringen, wenn man den Kaliumgehalt desselben erhöht oder den Magnesiumgehalt erniedrigt.

Abb. 50. *Dinophilus apatris* (Borstenwurm). Weibchen und Männchen während der Begattung. Das ♀ hat den Kokon aufgerissen und ist im Begriff ihn zu verlassen. Nach Nachtsheim.

Der ebenfalls marine Wurm *Dinophilus apatris* bietet insofern ein besonderes Interesse, als hier einer der wenigen Fälle von sog. progamer Geschlechtsbestimmung vorliegt. Die Weibchen werden bereits in den Eikokons von den gleichzeitig mit ihnen sich entwickelnden kleinen Zwergmännchen begattet. Diese nur einmal begatteten Weibchen legen dauernd zweierlei Eier, große Weibcheneier und kleine Männcheneier, die in gleicher Weise normal befruchtet werden (Abb. 51). Die Männchen- und Weibcheneier sind schon auf sehr frühem Wachstumsstadium im diploiden Zustand als solche kenntlich und die Reduktion und Befruchtung hat hier keinen Einfluß auf die Bestimmung des Geschlechts. Daß das Geschlecht dieser Eier in der Diplophase vor der Eireifung modifikatorisch bestimmt wird, geht auch daraus hervor, daß sich das Verhältnis von männlichen zu weiblichen Eiern in den Kokons durch Außenbedingungen weitgehend beeinflussen läßt. So wird durch Verminderung wie durch Erhöhung des Kaliumgehaltes des Seewassers der Prozentsatz der ♂♂ erhöht. Weiterhin zeigt es sich, daß aus isolierten Eiern gezogene Weibchen ebenfalls beide Eisorten liefern, ja bei manchen Rassen können solche unbefruchteten Weibcheneier sich auch parthenogenetisch entwickeln und liefern dann wieder beiderlei Eisorten (Abb. 51). Befruchtung und Reduktionsteilung haben also auf die Geschlechtsbestimmung gar keinen Einfluß, dieselbe kann daher nur modifikatorisch zustande gekommen sein.

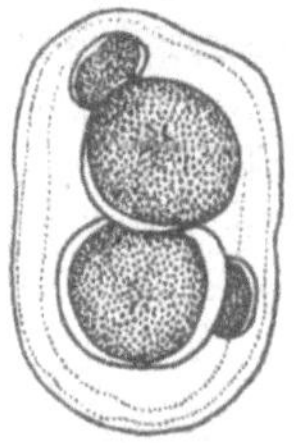

Abb. 51. *Dinophilus apatris* (Borstenwurm). Kokon von einem parthenogenetischen Weibchen mit sich entwickelnden männlichen und weiblichen Eiern. Nach Hartmann.

Auch dieser Modus der Geschlechtsbestimmung zeigt klar die bisexuelle Potenz der einzelnen diploiden Zellen. Jede Zelle der Keimbahn kann sich entweder in männlicher oder weiblicher Richtung differenzieren, kann zur Samen- oder Eizelle werden. Bei *Ophryotrocha puerilis* ist dieses Verhalten im Zusammenhang mit den oben beschriebenen Experimenten auch an den Gonocyten, den Mutterzellen der Eier und Spermien, cytologisch festzustellen. Sie können nämlich nicht, wie das sonst in den männlichen nnd weiblichen Gonaden der Tiere üblich ist, als Spermatogonien resp. Oogonien unterschieden werden, sondern sind bei beiden primären Geschlechtsorganen, den männlichen und weiblichen Gonaden gleich. Daher ist auch die schnelle Umwandlung eines vorher weiblichen Tieres in ein männliches zu verstehen. Denn die Gonocyten in den bisherigen Ovarien wachsen unter den veränderten Bedingungen nicht zu Eiern heran, sondern werden durch die 2 Reifeteilungen sofort zu Spermien. Das bisherige Ovar wird dadurch sehr rasch zu einem Hoden.

Aber auch die bereits differenzierte männliche und weibliche Keimzelle enthält hier stets die beiden Potenzen in gleicher Weise. Das beweist der vorhin berichtete Fall der parthenogenetisch sich entwickelnden unbefruchteten Eier von *Dinophilus*, die auch wieder die beiden Sorten von Eiern, Weibcheneier und Männcheneier, und dementsprechend weibliche und männliche Tiere liefern.

Noch eindringlicher zeigen dies gewisse Beobachtungen an Schnecken und Versuche an Hyazinthen. Es ist mehrmals beobachtet worden, daß Oogonien von Prosobranchiern sich in männlicher Richtung weiterentwickeln und zu atypischen Spermien werden können und bei *Hyazinthus orientalis* haben Versuche ergeben, daß Pollenkörner in den Antheren dadurch zu Embryosäcken umgewandelt werden können, daß man die Pflanzen in höherer Temperatur kultiviert. Die noch diploide männliche Keimzelle wird dann zu einer weiblichen (Abb. 52).

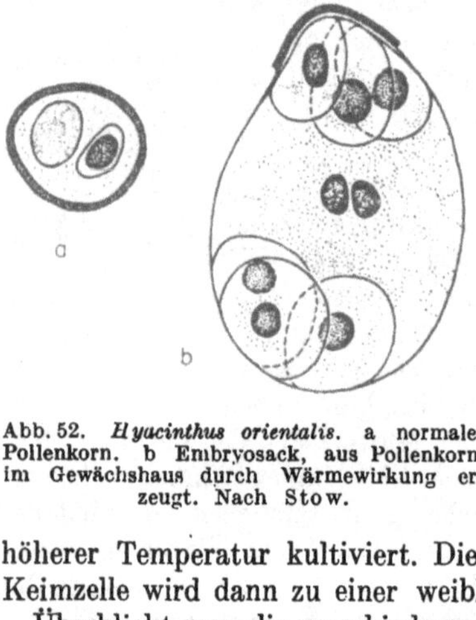

Abb. 52. *Hyacinthus orientalis*. a normales Pollenkorn. b Embryosack, aus Pollenkorn, im Gewächshaus durch Wärmewirkung erzeugt. Nach Stow.

Überblickt man die verschiedenen Ausprägungen der nichterblichen modifikatorischen Geschlechtsbestimmung an Haplonten, Diplonten und Diplohaplonten, so zeigt sich, daß der Ort, an dem die Determinierung des Geschlechtes innerhalb einer Haplo- oder Diplophase erfolgt (im Gegensatz zu den beiden Arten der genotypischen Geschlechtsbestimmung) ein verschiedener sein kann: Sie kann ganz am Ende der Entwicklung erst kurz vor der Ausbildung der eigenen Geschlechtsorgane oder Geschlechtszellen liegen (extreme Zwittrigkeit), ja sie kann, wie das letzte Beispiel zeigt, an bereits differenzierten Geschlechtszellen noch eintreten. Sie kann aber auch innerhalb einer Haplophase bis kurz nach der Reduktionsteilung nach vorn verschoben sein, sogar bei haploiden Geschlechtsformen bis vor die Reduktionsteilung (heterospore Farne). In den Extremfällen kann die Geschlechtsdifferenzierung aber auch gleich nach der Zygotenentwicklung erfolgen wie bei *Sagitta* (Pfeilwurm), in dem extremsten Falle bereits im unbefruchteten heranwachsenden Ei sich vollziehen (*Dinophilus*). Daraus erklärt sich, daß sowohl bei Haplonten wie Diplonten auch rein getrenntgeschlechtliche Organismen modifikatorisch zustande kommen.

Wie bei der genotypischen Geschlechtsbestimmung wollen wir nun die eigentlichen Geschlechtspotenzen, die für die Bildung der weiblichen Geschlechtszellen wirksam sind, mit **G** bezeichnen, die für die Entstehung der männlichen mit **A**. Da wir nicht wissen, ob diese beiden verschiedenen Potenzen irgendwie durch zwei bestimmte Reihen von Erbfaktoren oder durch eine einzige Reihe bedingt sind, oder ob evtl. der gesamte Genbestand, das Genom, dafür maßgebend ist oder ob neben einer Reihe von Genen eine nichtchromosomale Grundlage dafür verantwortlich ist, so gilt die Bezeichnung **AG** für die bisexuelle Potenz sowohl in der haploiden wie in der diploiden Phase in gleicher Weise. Die modifikatorische Geschlechtsbestimmung kommt in beiden Fällen in der Weise zustande, daß die Potenzen des einen Geschlechtes nicht zur Entfaltung kommen. Das beigegebene Schema soll dies zum Ausdruck bringen (Abb. 53). Es ist angenommen, daß die Potenzen des entgegengesetzten Geschlechts dabei völlig gehemmt sind. Das braucht natürlich nicht zu sein und wird voraussichtlich auch in vielen Fällen nicht in gleicher Stärke der Fall sein. Dort, wo die sexuelle Determinierung sehr labil ist, wie bei zwittrigen Mucorineen und Saprolegniaceen, wie bei *Ophryotrocha* (Borstenwurm), *Hyazinthus* usw., muß jedenfalls angenommen werden, daß das andere Geschlecht nur in ganz geringem Grade gehemmt ist, denn es genügen ja ganz geringe Änderungen der Außenbedingungen, um das Geschlecht umschlagen zu lassen. In andern Fällen, wo, wie z. B. bei *Ectocarpus* (Braunalge) und *Dinophilus* (Borstenwurm), strenge Getrenntgeschlechtlichkeit vorliegt, und die sexuelle Determinierung in sehr frühem Entwicklungsstadium erfolgt und festgehalten wird, ist vermutlich die Hemmung und Unterdrückung des entgegengesetzten Geschlechtes stärker. Die relative Sexualität bei *Ectocarpus*, die Möglichkeit des Umschlagens des Geschlechtsverhaltens, zeigt aber auch hier, daß die Hemmung nicht völlig stattgefunden haben kann und in verschieden starkem Grade erfolgt.

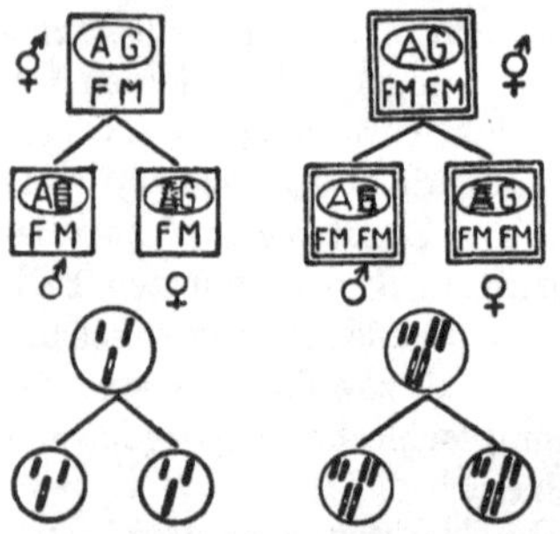

Abb. 53. Schema haplophaenotypischer Geschlechtsbestimmung in der Haplo- und Diplophase. A bedeutet männliche, G weibliche Potenzen. Die Hemmung der weiblichen Potenzen (G) im männlichen Geschlecht ist durch ausgezogene Linien durch G, die der männlichen Potenzen im weiblichen Geschlecht durch die gestrichelten Linien durch A zum Ausdruck gebracht. Links Haplophase, rechts Diplophase, darunter die entsprechenden Chromosomenverhältnisse. Autosomen schwarz, Geschlechtschromosomen hell, darin ♂ M-Realisator, ♀ F-Realisator.

Die Besprechung der haplogenotypischen Geschlechtsbestimmung hat uns Fälle gezeigt, in denen durch Faktorenaustausch haploide zwittrige Rassen entstehen, die mit in der Natur vorkommenden Zwittern vollkommen identisch sind (s. S. 40). Da alle genau untersuchten haploiden Zwitter geschlechtsbestimmende F- und M-Realisatoren von annähernd gleicher Stärke aufweisen und dadurch ihre Zwittrigkeit bedingt ist (s. Abb. 53), so müßte man erwägen, ob man dann nicht auf die Annahme von weiteren besonderen Geschlechtspotenzen AG verzichten könne. Das ist jedoch nicht der Fall, wie uns die genotypische Geschlechtsbestimmung gelehrt hat (s. S. 46). Man kommt ohne die Annahme dieser AG-Potenzen nicht aus, wennschon sie nicht mehr bedeuten müssen als eben die bisexuelle Potenz bzw. alternative Reaktionsnorm. Ob es überhaupt Zwitter ohne das Vorhandensein von F- und M-Faktoren gibt, erscheint nach den neuen genphysiologischen Untersuchungen über die Bildung von Befruchtungsstoffen (Gamone) und geschlechtsbestimmenden Stoffen (Termone) unwahrscheinlich. Zwar ist von *Protosiphon* (Grünalge) eine Rasse bekannt, bei der keine Kreuzung durch Faktorenaustausch das Vorhandensein von F- und M-Faktoren nachweist, so daß man es hier evtl. mit einem primären Zwitter ohne **F**- und **M**-Gene zu tun hat. Doch könnten die F- und M-Faktoren hier an der gleichen Stelle im Chromosom liegen (sog. Allele sein), sodaß kein Austausch erfolgen kann. In allen Fällen von modifikatorischer Geschlechtsbestimmung bei niederen Organismen wie bei höheren Pflanzen und Tieren sind wohl neben den **AG**-Potenzen noch geschlechtsbestimmende **F**- und **M**-Gene von annähernd gleicher Stärke vorhanden.

IV. Geschlechtshormone und ihre entwicklungsphysiologische Wirkung.

Bei der nichterblichen modifikatorischen Geschlechtsbestimmung getrenntgeschlechtlicher Organismen, die außer von Thallophyten nur von Farnen und wirbellosen Tieren bekannt ist, wird durch die einmal gefallene Entscheidung über die Geschlechtsbestimmung auch gleichzeitig die Bildung der sekundären Geschlechtsmerkmale der betr. Organismen festgelegt. Eine Zwischenschaltung von Geschlechtshormonen (das sind Stoffe, die von den primären Geschlechtsorganen gebildet werden, und auf dem Wege der Blutbahn die Ausbildung der sekundären Geschlechtsmerkmale bewirken) ist nirgends festzustellen. Auch von Haplonten mit genotypischer Geschlechtsbestimmung sowie genotypisch getrenntgeschlechtlichen Blütenpflanzen und wirbellosen Tieren haben sich keine Geschlechtshormone nachweisen lassen. Mit der genotypischen Festlegung des Geschlechts ist bei diesen Organismen auch die Entwicklung der sekundären Geschlechtsmerkmale im Sinne des gleichen Geschlechts entschieden. Anders liegen die Verhältnisse bei den Wirbeltieren. Hier hängt die Entwicklung der sekundären Geschlechtsmerkmale von Geschlechtshormonen ab, die in den Geschlechtsorganen selbst, den Hoden oder Ovarien, gebildet und auf dem Wege der Blutbahn an die Orte ihrer Wirkung gebracht werden. Die Geschlechtshormone sind für alle Wirbeltiere mehr oder minder gleich; jedenfalls üben die aus Säugetieren gewonnenen Sexualhormone nicht nur auf diese, sondern auch auf alle andern Wirbeltiergruppen, von den Fischen bis zu den Vögeln, die gleiche spezifische Wirkung aus. Die Wirkung der Sexualhormone wurde zunächst durch zwei Methoden aufgezeigt, durch Kastrations- und Transplantationsversuche. Nachdem man heute männliche und weibliche Sexualhormone chemisch darstellen kann, läßt sich durch Injektion von chemisch reinen männlichen und weiblichen Hormonpräparaten ihre Wirkung viel leichter und weitgehender nachweisen.

Es war schon lange bekannt, daß bei kastrierten Säugetieren die normale Entwicklung der sekundären Geschlechtsmerkmale auf dem Stadium stehenbleibt, in dem sie sich befunden haben, als das betreffende Tier kastriert wurde. Die völlige Ausbildung der Geschlechtsmerkmale hängt also von der Wirkung der spezifischen Hormone der Gonaden ab. Noch deutlicher als die Kastrationsversuche zeigen das Transplantationsversuche. Wenn man jungen Ratten oder Meerschweinchen nach Kastration der Hoden Eierstöcke einpflanzt, so macht sich ein ganz spezifischer Einfluß der ♀ Gonaden geltend. Die Entwicklung der äußeren Geschlechtsmerkmale wird sistiert, ja einzelne von ihnen werden noch zurückgebildet. Weiterhin werden aber auch weibliche Geschlechtsmerkmale bei männlichen Tieren mit eingepflanztem Ovar zur Ausbildung gebracht, indem bestimmte Organe, die

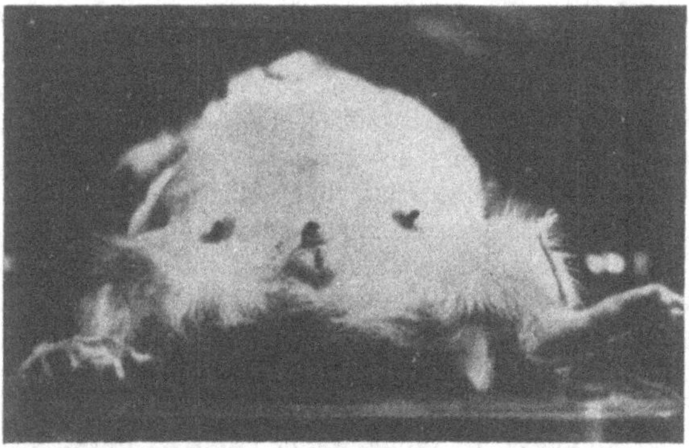

Abb. 54. Feminiertes männliches Meerschweinchen. Demonstration der Zitzen. Nach Steinach.

zur Zeit der Operation noch entwicklungsfähig waren, sich weiterhin in weiblicher Richtung ausbilden. Auf diese Weise gelingt es z. B. bei Meerschweinchen, verweiblichte Männchen zu erzielen, die in Körperbau, Knochenbau und Haaren den Weibchen gleichen, ja sogar sekundäre Geschlechtsorgane wie Milchdrüsen und Zitzen ausbilden und Milch absondern (Abb. 54). Gleichzeitig mit den morphologischen und stoffwechselphysiologischen Eigenschaften des entgegengesetzten Geschlechtes erlangen die feminierten Männchen auch die Instinkte des weiblichen Geschlechtes. Auch in umgekehrter Richtung gelingt der Versuch, indem durch Transplantation von Hoden eine männliche Entwicklung bei genetisch weiblichen Tieren erzielt wird.

Sehr klare Ergebnisse über die Wirkung der Sexualitätshormone liegen für Vögel, speziell Hühner vor. Kastrierte Hähne wie Hennen zeigen Hahnengefieder. Der Hahn behält also nach Kastration sein Federkleid, während das kastrierte Huhn nach der Mauser eine männliche Befiederung erlangt. Dagegen bildet der kastrierte Hahn Kamm und Sporen zurück, gleicht also in dieser Hinsicht den Hennen. Gonadenlose Hühner und Hähne haben mithin gleiches Aussehen. Durch Einpflanzung von männlichen oder weiblichen Gonaden können aber jederzeit die spezifischen sekundären Geschlechtscharaktere zur Entwicklung gebracht werden, so daß z. B. ein ursprünglicher Hahn schließlich völlig das Aussehen einer Henne erlangt. Durch Kastrierung und Implantation von Gonaden des entgegengesetzten Geschlechtes kann man bei Hühnern in auffälliger Weise die einzelnen Federn in männlicher oder weiblicher Richtung zur Ausbildung bringen. Entfernt man das Ovar bei einem Huhn, so entwickelt sich die Feder, die gerade ihre weibliche Ausbildung begonnen hatte, nun in männlicher Richtung weiter (Abb. 55 links), so daß die Spitze die Merkmale der weiblichen, der untere Teil die der männlichen Feder aufweist. Pflanzt man einem solchen Huhn nun aber wieder ein Ovar ein, so zeigen die in Entwicklung begriffenen Federn nun umgekehrt an der Spitze männliche, im untern Teil weibliche Merkmale (Abb. 55 rechts).

Mit den neuen verbesserten Methoden der direkten Injektion von chemisch reinen Sexualhormonen in kastrierte erwachsene Tiere ließen sich keine prinzipiell anderen Wirkungen nachweisen. Wesentlich weitgehendere Ergebnisse erzielt man dagegen, indem man jungen Embryonen Hormone des entgegengesetzten Geschlechtes einverleibt. Spritzt man einem Hühnerembryo von vier Tagen ein Tröpfchen Follikulin (weibliches Sexualhormon) durch ein Fenster der Eischale in

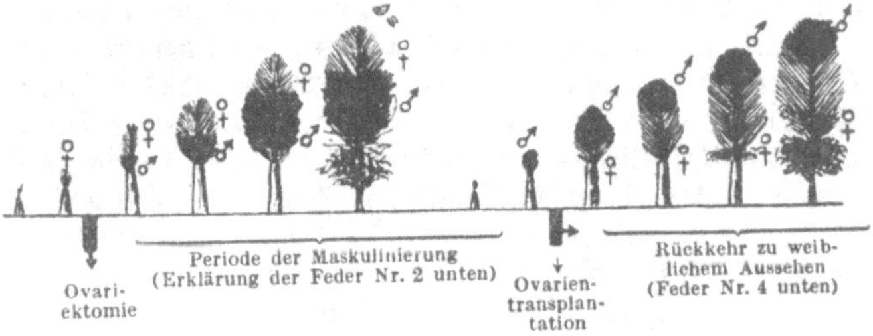

Abb. 55. Fragmentäre zweigeteilte hormonale Intersexualität. Eine Erscheinung die bei Goldleghornhennen an der fahlgelben Brust erreicht wurde. Die korrespondierenden Federn des Hahnes sind schwarz. — Führt man die Ovariektomie bei Hennen während der Mauser aus, so bleiben die schon angelegten Federn fahlgelb. Die Federn, die nach der Operation sprossen, werden schwarz (Nr. 2) — Transplantiert man wieder später ein Ovarium, so nimmt das Gefieder wieder ein weibliches Aussehen an (Nr. 4). Alles geschieht durch das sofortige Einsetzen der Hormonwirkung. — Nach Pézard, Sand und Caridroit.

Abb. 56. 2 genetisch männliche Hühner, das hintere Tier ein normaler Hahn, sein Bruder vorn im Eistadium mit Follikulin behandelt, äußerlich und innerlich weiblich. Nach Dantschakoff.

das Allantoissäckchen, so entwickeln sich auch aus den genetisch männlichen Embryonen (die Vögel haben genotypische Geschlechtsbestimmung mit weiblicher Heterogametie) junge Küken, die äußerlich vollkommen einem Weibchen gleichen und auch innerlich weitgehend weibliche Konstitution aufweisen. Äußerlich fehlen Kamm und Sporen und das Federkleid ist rein weiblich (Abb. 56). Im Innern finden sich Eileiter und Ovar, wobei ersterer besonders hypertrophisch ausgebildet ist. Nach 15 Wochen haben aber diese äußerlich weiblichen Tiere statt der Eierstöcke schon wieder Hoden, und nach einigen Monaten (nach der Mauser) gleichen sie auch äußerlich wieder vollkommen einem Hahn mit allen primären und sekundären Merkmalen des männlichen Geschlechts. Nur die in feminierten Zustand unter der Einwirkung des Follikulins auf den sich entwickelnden männlichen Embryo entstandenen großen weiblichen Eileiter können später nicht mehr umgewandelt werden, so daß der in der Jugend weiblich gewesene Hahn seinen früheren weiblichen Zustand an dem noch vorhandenen großen Eileiter erkennen läßt (Abb. 57c).

Umgekehrt übt das männliche Hormon nach Injektionen auf einen genetisch weiblichen Embryo zwar auch eine gewisse Wirkung aus, die jedoch nicht so sinnfällig ist. Ähnliche Wirkungen treten auch nach Injektion von weiblichem Hormon in genetisch männlichen Embryonen von Eidechsen zutage.

Auch an Säugetieren liegen entsprechende Ergebnisse vor. Die Versuche wurden an Meerschweinchen ausgeführt. Dabei ergab sich, daß die Injektion von Follikulin (weiblichem Hormon) auf genetisch männliche wie weibliche Embryonen immer tödlich wirkt, also auch auf die Embryonen desselben Geschlechtes, von dem das Hormon stammt. Dagegen lassen sich durch Injektion von männlichem Hormon (Testosteronproprionat) in genetisch weibliche Embryonen ähnliche, wenn auch nicht so weitgehende umgekehrte geschlechtliche Entwicklungsvorgänge erzielen wie durch Follikulin bei männlichen Hühnerembryonen. Die jungen genetisch weiblichen

Abb. 57. Pseudodoppelgeschlechtlichkeit des Gefieders bei einem genetisch männlichen Tier, das zuerst durch Follikulininjektion reines ♀ war während des Rückschlags zum genetischen Geschlecht. Die eine Hälfte des Gefieders war kurz vor der Mauser gerupft worden und hatte vollkommen das männliche Federkleid ausgebildet. c die inneren Geschlechtsorgane eines solchen Tieres sind bereits wieder rein männlich, nur die großen Eileiter erinnern an die frühere weibliche Phase. Nach Dantschakoff.

Meerschweinchen, denen im Embryonalzustand Testeronproprionat einverleibt wurde, sind äußerlich Männchen. innerlich jedoch besitzen sie teils weibliche, teils männliche Organe. Die, welche bei Einspritzung des männlichen Hormons bereits angelegt waren, bleiben entsprechend ihrer genetischen Konstitution weiblich. So sind die eigentlichen primären

Sexualorgane entsprechend der genetischen Konstitution richtige Ovarien. Von den verschiedenen Ausführgängen sind aber sowohl weibliche wie männliche vorhanden, und zwar kann man feststellen, daß, je weiter nach hinten die entsprechenden Organe liegen und je später sie ontogenetisch sich entwickeln, desto mehr sich die Wirkungen des männlichen Hormons geltend machen. Besonders auffällig und bemerkenswert ist dabei die dem männlichen Geschlecht entsprechende, kaudale Verlagerung der primären Geschlechtsorgane (Abb. 58).

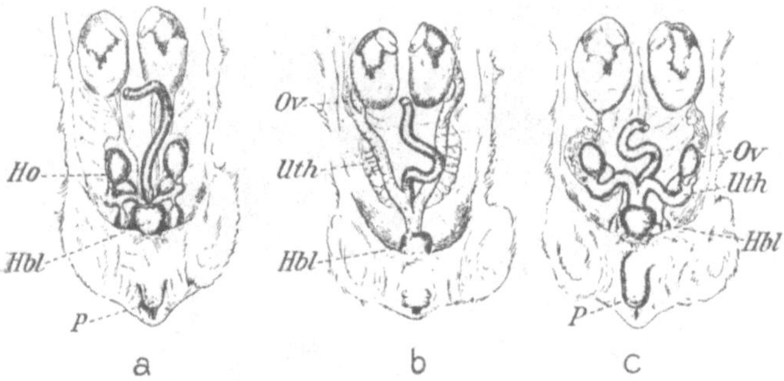

Abb. 58. Geschlechtsorgane vom Meerschweinchen kurz vor der Geburt. a Beim ♂ liegt der ganze Komplex kaudal hinuntergezogen; Hoden massiv gewölbt; Penis gut ausgebildet. b Beim ♀ liegen die Ovarien in der Höhe des kaudalen Drittels der Niere, die schrägen verlaufenden Uterushörner kommen kurz vor der Harnblase zusammen; Geschlechtshöcker kurz, breit. ♀ etwa 20 Tage nach der Besamung Testosteronproprionat injiziert. Gonaden weiblich, Lage der Organe wie beim ♂; gut ausgebildeter Penis. Nach Dantschakoff.

Die zuletzt geschilderten Versuche über die Wirkung männlicher und weiblicher Sexualhormone auf junge Vogel- und Wirbeltierembryone beweisen eindeutig, daß die Sexualhormone nicht primär geschlechtsbestimmende Faktoren sind, obwohl sie sogar das primäre Geschlechtsorgan selbst (bei Hühnern den Hoden in ein Ovar) umzuwandeln vermögen. Dennoch erweist sich die genetische Konstitution und genetische Geschlechtsbestimmung stärker als die aufgeprägte Wirkung der Geschlechtshormone. Denn wir sahen ja, daß der ganz verweiblichte Hahn sich wieder durch die Wirkung seiner geschlechtsbestimmenden Gene in einen vollkommen normalen Hahn umwandelte. Zugleich zeigen die Versuche besonders eindringlich die bereits in allen bisherigen Ausführungen hervorgehobene bisexuelle Potenz der beiden Geschlechter.

V. Allgemeine Theorie der Sexualität.

Überblickt man die in den vorhergehenden Kapiteln beschriebenen Erscheinungen der Sexualität im Organismenreich, so lassen sich trotz der Mannigfaltigkeiten und Verschiedenheiten des Geschehens bei verschiedenen Gruppen der Tiere und Pflanzen einige allgemeine Gesetzlichkeiten und Prinzipien herausschälen, die für alle gelten. Es sind das 1. die allgemeine bisexuelle Potenz, die auf jeder der vier Hauptstufen der Geschlechtsbestimmung in großer Mannigfaltigkeit der Erscheinungsweise immer wieder sich kundgab, und 2. das Zustandekommen der Geschlechtsbestimmung durch die relative Stärkewirkung geschlechtsbestimmender äußerer und innerer modifikatorischer Faktoren oder erblich festgelegter männlicher und weiblicher Erbfaktoren oder Realisatoren.

1. Allgemeine bisexuelle Potenz.

Für jeden der vier Typen der Geschlechtsbestimmung haben wir eine allgemeine bisexuelle Potenz angenommen, d. h. die Fähigkeit jedes Organismus und jeder Keimbahnzelle, sich entweder nach der männlichen oder weiblichen Seite zu entfalten. Diese bisexuelle Potenz wurde durch **AG** bezeichnet und angenommen, daß die **A**-Potenz, die Fähigkeit, die männliche Entwicklung zur Auswirkung zu bringen, in jedem Organismus und in jeder Zelle in derselben Weise und derselben Stärke vorhanden ist wie die G-Potenz, die Fähigkeit zur Entwicklung der weiblichen Eigenschaften. Was diese AG-Potenzen letztlich sind, wissen wir nicht, und es empfiehlt sich nicht, wie es häufig geschieht, sie ohne weiteres mit dem Genkomplex zu identifizieren, der für die Ausbildung sämtlicher primärer Geschlechtscharaktere der Organismen verantwortlich ist. Bei den einfachsten isogamen Organismen fehlen alle derartigen evtl. genbedingten Merkmale außer den primären Sexualstoffen, den weiblichen +- und männlichen —-Stoffen, die hier das einzige sexuelle Merkmal darstellen. Falls erstmalig andere Merkmale hinzutreten, wie verschiedene Größe oder verschiedenes Verhalten der weiblichen und männlichen Gameten, so sind dieselben fraglos durch besondere Gene bedingt, und dasselbe gilt natürlich erst recht für die komplizierteren Ausprägungen der Geschlechtsunterschiede der höheren Organismen. Aber es ist fraglich, ob die, die äußeren weiblichen und männlichen Merkmale bedingenden Gene in beiden Geschlechtern als einfache allele Mendelfaktoren aufzufassen sind oder ob es identische Gene sind, die je nach der Wirkung der weiblichen und männlichen F- und M-Realisatoren sich in weiblichem oder männlichem Sinne auswirken (alternative Reaktionsnorm). Da scharf ausgesprochene Geschlechtsunterschiede in großem Maße auch bei Haplonten auftreten (Rotalgen, Braunalgen, Moose), diese in ihrem einzigen Chromosomensatz aber nie zwei verschiedene Allele enthalten können, so gewinnt die letzte Auffassung wenigstens für die Haplonten die größere Wahrscheinlichkeit.

Man hat aber die Frage aufgeworfen, ob überhaupt zur Erklärung der bisexuellen Potenz ein besonderer AG-Komplex angenommen werden muß und ob nicht die ständige Anwesenheit von F- und M-Realisatoren zur Erklärung derselben genüge. Aber selbst für die diplogenotypische Geschlechtsbestimmung der höheren Tiere und Pflanzen kommt man, wie wir sahen, mit der alleinigen Annahme von F- und M-Faktoren nicht aus und man muß noch eine allgemeine alternative Reaktionsnorm annehmen. Das ist aber nur ein anderer Ausdruck für die bisexuelle Potenz. Die Erscheinungen der haplogenotypischen Geschlechtsbestimmung, besonders die der Volvocalen (grüne Flagellaten), bei denen die Analyse bisher am weitesten vorgestoßen ist, schließen erst recht eine solche Möglichkeit aus. Die genetische Analyse hat ja ergeben (s. oben S. 35 u. f.), daß in der männlich oder weiblich sexuell determinierten haploiden Phase nur ein M- oder ein F-Faktor vorhanden ist. Das Vorkommen von relativer Sexualität bei diesen Formen zeigt jedoch, daß trotzdem die Potenzen zur Entfaltung der Eigenschaften des anderen Geschlechtes in jedem erblich sexuell determinierten Haplonten vorhanden sind, die Annahme einer allgemeinen bisexuellen Potenz daher nicht entbehrt werden kann. Ihre Richtigkeit wird in überzeugender Weise bestätigt durch die auf S. 43 erwähnten, neuen biochemischen Untersuchungen. **Die bisexuelle Potenz, die verschiedenen Valenzen (Geschlechtsstärken) und die relative Sexualität der betreffenden Protisten finden durch sie ihre rein stoffliche Erklärung, indem sie auf das verschiedene Mischungsverhältnis der Cis-Transcarotinoide zurückgeführt werden.**

2. Erblich und nichterblich bestimmte Tendenz und die 6 Stufen der Geschlechtsbestimmung.

Die Determinierung des weiblichen und männlichen +- und —-Geschlechtes wird bei einfachen Haplonten (Volvocalen, haploiden Grünalgen) durch zwei an verschiedenen Stellen eines Chromosomenpaares gelegene Gene bewirkt, die wir F- und M-Gene genannt haben. Die Geschlechtsbestimmung erfolgt in der Weise, daß der diploide Zustand, der zwittrige Tendenz besitzt, durch die Reduktionsteilung, die Verteilung ganzer homologer Chromosomen, zerlegt wird, indem vier haploide Zellen, zwei mit männlicher M- und zwei mit weiblicher F-Tendenz gebildet werden, die nur je ein Geschlechtschromosom mit dem M- oder dem F-Realisator besitzen. Diesem Geschlechtsbestimmungsvorgang kommt die Formel zu, die in Abb. 20 S. 35 wiedergegeben ist.

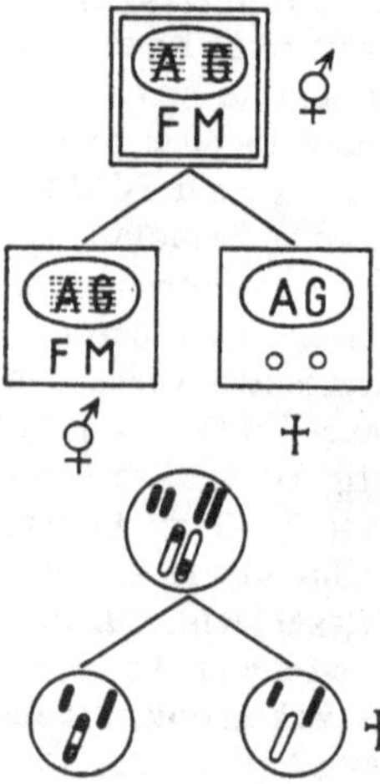

Abb. 59. Schema der Entstehung haplogenetischer Zwitter durch Faktorenaustausch, darunter die Chromosomenverhältnisse.

Durch Faktorenaustausch (= Chromosomenstückaustausch) treten bei der Befruchtung neben der normalen Aufspaltung in 50% weibliche und 50% männliche Haplonten, zwittrige Ausnahmen auf (s. S. 39 u. f.), deren Formel in Abb. 59 zu sehen ist. Diese Formeln stimmen völlig überein mit Stämmen, die auch in der freien Natur vorkommen.

Nach Kreuzung von Rassen verschiedener sexueller Stärke (verschieden starke F- und M-Gene) treten neben der normalen Aufspaltung in die beiden Ausgangsrassen durch Faktorenaustausch Ausnahmen auf, und zwar getrenntgeschlechtliche Stämme von geringerer sexueller Valenz (s. S. 41). Die Formel dieser neu entstandenen Stämme ist in den Abb. 60 und 61 dargestellt.

Derartig genetisch-diöcische Haplonten erinnern in ihrer genetischen Konstitution gewissermaßen an den genotypisch-diöcischen Zustand von Diplonten, bei denen die Geschlechtsdeterminierung durch die gleichzeitige Anwesenheit von F- und M-Realisatoren von verschiedener Stärke bewirkt ist (s. Abb. 35 S. 64). In der Natur sind jedoch diese genotypisch diöcischen Haplonten, die man als s e k u n d ä r h a p l o d i ö c i s c h bezeichnen kann, bisher nicht gefunden.

Auf Grund des Vorkommens von haplomonöcischen Formen, deren gemischtgeschlechtliche Tendenz durch die Anwesenheit zweier sexuell entgegengesetzter Realisatoren von mehr oder weniger gleicher Stärke (F = M) bewirkt wird,

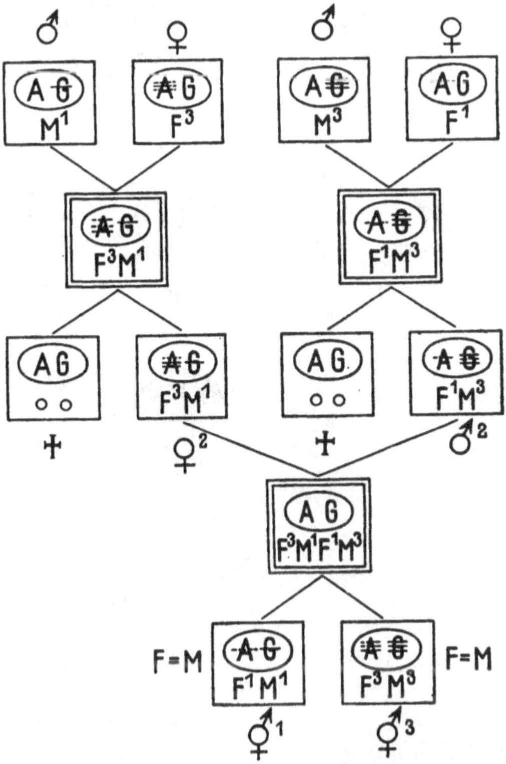

Abb. 60. Schema der Entstehung von getrenntgeschlechtlichen Ausnahmen von schwächerer Valenz nach Kreuzung getrenntgeschlechtlicher Haplonten von verschieden starker Valenz. Darunter Ausnahmezwitter in der nächsten Generation durch weiteren Austausch nach Kombination der getrenntgeschlechtlichen Ausnahmetiere der ersten Generation.

wurde früher bereits die Frage erörtert (s. S. 95), ob es überhaupt haploide Zwitter ohne derartige Realisatoren von gleicher Stärke gibt, denen also nur die allgemeine bisexuelle Po-

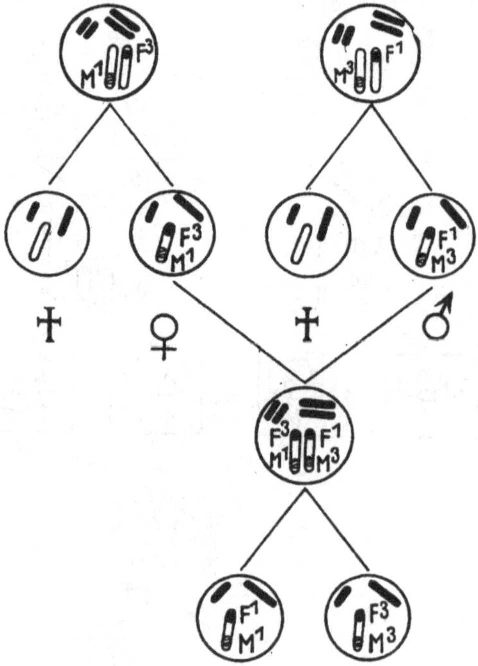

Abb. 61. Die chromosomalen Verhältnisse der Ausnahmetiere des vorstehenden Schemas. o = F-Gen, 0 = M-Gen.

tenz AG zukäme. Doch haben die früher berichteten Befunde uns zu dem Schluß geführt, daß solche echte Primärzwitter ohne Realisatoren vermutlich nicht vorkommen und allen Zwittern die Formel zukommt, die in der Abb. 53 S. 94 dargestellt ist.

Über die diplogenotypische Geschlechtsbestimmung ist dem in dem betreffenden Kapitel Ausgeführten nichts weiter zuzufügen. Sie kommt durch Reduktion und Befruchtung in der diploiden Phase zustande. Die Lokalisierung der F- und M-Realisatoren ist in verschiedener Weise verwirklicht (*Bryonia*-Fall und *Drosophila*-Fall), wie das in der Abb. 27, S. 51 und 35, S. 64 dargestellt ist.

Wir gelangen daher zu folgenden sechs Stufen der Geschlechtsbestimmungsvorgänge im Organismenreich:

1. Genotypische Geschlechtsbestimmung diöcischer Haplonten mit F- oder M-Realisatoren neben der AG-Potenz (Abb. 20, S. 35).

2. Nichterbliche Geschlechtsbestimmung monöcischer Haplonten mit F- und M-Realisatoren von annähernd gleicher Stärke neben AG (Abb. 53, S. 94).

3. Sekundär-genotypische Geschlechtsbestimmung diöcischer Haplonten mit F- und M-Realisatoren von verschiedener Stärke im gleichen Chromosom neben AG (Abb. 60 u. 61, S. 107 u. 108).

4. Genotypische Geschlechtsbestimmung diöcischer Diplonten mit F- und M-Realisatoren von verschiedener Stärke in den Geschlechtschromosomen (F im x-Chromosom, M im y-Chromosom, *Bryonia*-Typ) neben AG (Abb. 27, S. 51).

5. Genotypische Geschlechtsbestimmung diöcischer Diplonten mit F- und M-Realisation von verschiedener Stärke im x-Chromosom und den Autosomen (resp. Plasma) in der Haplo- und Diplophase neben AG (*Drosophilatyp*) (Abb. 35, S. 64).

6. Nichterbliche Geschlechtsbestimmung monöcischer und diöcischer Diplonten mit F- und M-Realisatoren von annähernd gleicher Stärke in der Haplo- und Diplophase neben AG (Abb. 53, S. 94).

Aller Wahrscheinlichkeit nach werden die Stufen 5 u. 6

im Laufe der weiteren Forschung noch weiter aufgeteilt werden.

Für alle diese Stufen sind die beiden gleichen Grundprinzipien wirksam: 1. **Die bisexuelle Potenz** und 2. **die relative Stärke äußerer modifikatorischer oder erblich genetischer Faktoren (Realisatoren), die den zwittrigen oder getrenntgeschlechtlichen Zustand bestimmen.** Auf diese beiden Thesen läßt sich die ungeheure Mannigfaltigkeit der Sexualitätserscheinungen im ganzen Organismenreich zurückführen. Sie bilden die Grundlagen einer allgemeinen Theorie der Sexualität.

Erklärung der hauptsächlichsten Fachausdrücke.

agâm, Fortpflanzung ohne Befruchtung (*ágomos* = ehelos, gr. *a* = ohne, *gameín* = heiraten).

Allantoissäckchen, Harnsack, sackförmiges Organ bei den Embryonen der höheren Wirbeltiere (gr. *állas*, Gen. *állantos* = Wurst, wurstförmiger Sack).

Allele, Merkmale, welche bei der Kreuzung einander gegenüberstehen, d. h. auf Erbfaktoren oder Genen beruhen, die an dem gleichen Ort in homologen Chromosomen liegen (gr. *allēlos* = gegenseitig).

Androgamone, Androtermone s. Gamone, Termone.

Antheridien, die männlichen Geschlechtsorgane der Algen und Pilze (gr. *antherós* = blühend, kräftig, männlich, *eîdos* = Gestalt, Form).

antithetischer Generationswechsel, entgegengesetzter Generationswechsel zwischen einer diploiden und haploiden Generation (gr. *antí* = gegenüber, *títhēmi* = stelle, ordne an).

Archegonien, die weiblichen Geschlechtsorgane der Moose (gr. *arché* = Anfang, *goneús* = Erzeuger, pl. Eltern).

atypisch, nicht typisch (gr. *átypos* = von den Regeln abweichend, *a* = ohne, *typós* = Schlag, Gepräge).

Autosomen, die Chromosomen von gewöhnlichem Aussehen und Verhalten, im Gegensatz zu den Geschlechtschromosomen (gr. *autós* = selbst, eigen, *sôma* = Körper).

bipolare, entgegengesetzte Zweigeschlechtlichkeit (lat. *bis* = zweimal, zweifältig).

bisexuell, doppeltgeschlechtlich (lat. *bis* = zweimal, *séxus* = Geschlecht).

Centriole, Centralkörperchen, die bei der Teilung der Zelle die Pole der Kernspindel einnehmen (lat. *centrum* = Mittelpunkt).

Chromosomen, Kernsegmente, Kernfäden, die bei der Kernteilung bei jedem Tier und jeder Pflanze in bestimmter Zahl auftreten und stark färbbar sind (gr. *chrṓma* = Farbe, *sṓma* = Körper).

Cyste, feste, meist gegen Eintrocknung schützende Umhüllung vieler niederer Tiere und Pflanzen (gr. *kýstis* = Blase).

Cytologie, Zellenlehre (gr. *kýtos* = Gefäß, Zelle).

Determinierung, Bestimmung (lat. *determináre* = begrenzen, bestimmen).

Dimorphismus, Zweigestaltigkeit (lat. *dis* = zweifach, gr. *morphḗ* = Gestalt).

diplogenotypische Geschlechtsbestimmung, erbliche Geschlechtsbestimmung der diploiden, zwei Chromosomengarnituren besitzenden Organismen (gr. *diplóos* = doppelt, *gígnomai* = erzeuge).

Diplohaplonten, Organismen, bei denen eine diploide Generation, welche 2 Chromosomengarnituren besitzt, mit einer haploiden (1 Chromosomengarnitur) abwechselt (gr. *diplóos* = zweifach, *haplóos* = einfach).

diploid, zwei Chromosomengarnituren besitzend (gr. *diplóos* = zweifach, *eídos* = Gestalt).

Diplonten, Organismen mit 2 Chromosomengarnituren ohne Generationswechsel (gr. *diplóos* = zweifach).

encystieren, einkapseln, sich mit einer Cyste (Hülle) umgeben (gr. *en* = ein, *kýstis* = Blase).

epistatisches Minimum, kleinster Stärkegrad, der genügt, um geschlechtsbestimmenden Erbfaktoren das Übergewicht über das entgegengesetzte Geschlecht zu geben (gr. *epí* = auf, darüber, *stásis* = Stehen).

Gametangien, die Geschlechtsorgane der Algen und Pilze, in denen die Geschlechtszellen (Gameten) gebildet werden (gr. *gamétes* = Ehemann, *gamein* = heiraten, s. fortpflanzen).

Gameten, Geschlechtszellen (s. o.).

Gamone, kopulationsbedingende Stoffe (gr. *gamein* = heiraten); Androgamone: kopulationsbedingende Stoffe der männlichen, Gynogamone: kopulationsbedingende Stoffe der weiblichen Keimzellen (gr. *andrós* = des Mannes, *gyné* = Weib).

Gamonten, die Individuen einzelliger Organismen, die Gameten, Geschlechtszellen, bilden (gr. *gameín* = heiraten).

genetisch, auf die Erzeugung, Entstehung sich beziehend (gr. *genéa* = Abstammung).

Gen, Erbfaktor, Erbeinheit (gr. *génos* = Geschlecht).

Genom, die Gesamtheit der Erbfaktoren oder Gene eines Organismus (gr. *génos* = Geschlecht, Gattung, Abstammung).

genotypisch, durch die Erbfaktoren bedingt (s. o.).

Gonocyten, Zellen der Gonaden, aus denen durch Teilung die Eier und Samenzellen entstehen (gr. *gónos* = Geschlecht, *kýtos* = Zelle).

Geschlechtshormone, Reizstoffe, welche in den primären Geschlechtsorganen gebildet werden und auf dem Wege über die Blutbahn sekundäre Geschlechtsmerkmale bewirken (gr. *hormáo* = treibe an).

Gonade, Keimdrüsen, Geschlechtsdrüsen, Organe der Tiere, in denen sich die Geschlechtszellen bilden (gr. *gónos* = Geschlecht, *adén* = Drüse).

Gynogameten, weibliche Geschlechtszellen (Gameten) (gr. *gyné* = Weib).

Gynogamone, Gynotermone s. Gamone, Termone.

haplogenotypische Geschlechtsbestimmung, erbliche Geschlechtsbestimmung der haploiden, 1 Chromosomengarnitur besitzenden Organismen (gr. *haplóos* = einfach).

haploid, nur eine Chromosomengarnitur besitzend.

Haplonten, Organismen mit 1 Chromosomengarnitur ohne Generationswechsel.

Heterogametie zeigt sich bei dem (heterogametischen) Geschlecht, das bei der erblichen Geschlechtsbestimmung diploider Organismen zweierlei Geschlechtszellen mit verschiedenen Chromosomen hervorbringt (gr. *héteros* = ungleich).

homogametisch nennt man das Geschlecht, das bei erblicher Geschlechtsbestimmung diploider Organismen nur 1 Sorte von Geschlechtszellen hervorbringt (gr. *homós* = einfach, gleich).

homolog, morphologisch gleichwertig, sich entsprechend (gr. *homós* = gleich, *lógos* = Begriff).

Intersexualität, Zwischenzustand (resp. Gemischtsein) männlicher und weiblicher Ausprägung der Geschlechtsorgane (lat. *inter* = zwischen, *séxus* = Geschlecht).

Isogamie, Befruchtung (oder Kopulation) von morphologisch gleichen Geschlechtszellen (Isogameten) (gr. *ísos* = gleich, *gameí* = heiraten, s. fortpflanzen).

Kastration, Entfernung der primären Geschlechtsorgane (lat. *castráre* = verschneiden, entmannen).

kaudal, am Schwanz, bzw. näher nach dem Schwanz zu gelegen (lat. *caúda* = Schwanz).

Klon, die durch ungeschlechtliche Fortpflanzung entstandene Nachkommenschaft eines reinrassigen Individuums (gr. *klóon* = Zweig).

Kopulation, Befruchtung bei Einzelligen (lat. *copuláre* = verbinden, begatten).

Makro-(Gyno-)gametocyten, Mutterzellen der weiblichen, meist größeren Geschlechtszellen (Gameten) von Einzelligen (gr. *makrós* = groß, *kýtos* = Gefäß, Zelle, *gyné* = Weib).

Makro- und Mikrogametangien, weibliche und männliche Geschlechtsorgane der Algen und Pilze (gr. *makrós* = groß, *mikrós* = klein).

Makro- oder Gynogameten, weibliche (meist größere) Geschlechtszellen von Einzelligen und Thallophyten.

Metazoen, vielzellige Tiere (gr. *metá* = nach darauf folgend, *zôon* = Tier). Tiere, die sich nach den Einzelligen, den Protozooen (gr. *prótos* = zuerst), entwickelt haben.

Mikro- oder Androgameten, männliche (meist kleinere) Geschlechtszellen (Gameten) von Einzelligen und Thallophyten (gr. *mikrós* = klein, *anér*, Genit. *andrós* = Mann).

Mikronucleus, Kleinkern oder Geschlechtskern der Ciliaten (gr. *mikrós* = klein, lat. *nucleus* = Kern).

Monoecie, Einhäusigkeit, Gemischtgeschlechtlichkeit (gr. *mónos* = allein, einzig; *oikía* = Haus).

Mutation (Mutant), eine sprungweise auftretende erbliche Veränderung (erbl. verändertes Individuum) (lat. *mutáre* = ändern).

Mycelien, Pilzfäden (gr. *mýkēs* = Pilz).

ontogenetisch, auf die individuelle Entwicklung bezüglich (gr. *ón*, Genit. *óntos* = das Seiende, Wesen, gr. *génos* = Geschlecht, *genéa* = Erzeugung).

Oogonien, Zellen der weiblichen Gonaden, aus denen durch Teilung die Eizellen entstehen (gr. *óon* = Ei).

Parapodiensegmente, Glieder der Borstenwürmer, die Stummel-Borstenfüße besitzen (gr. *pará* = neben, *pûs*, Genit. *podós* = Fuß).

phylogenetisch, auf die Stammesgeschichte bezüglich (gr. *phýlon* = Stamm, *génesis* = Entstehung).

progame Geschlechtsbestimmung, Geschlechtsbestimmung, die bereits vor der Befruchtung des Eies erfolgt ist (gr. *pró* = vor, *gameín* = heiraten, s. fortpflanzen).

Protisten, zusammenfassende Bezeichnung für alle einzelligen Organismen, tierische wie pflanzliche (gr. *prṓtos* = der Erste).

Protoplasma, Zellsubstanz, die lebende Substanz der Zelle (gr. *plásma* = das Gebildete, Stoff, *prṓtos* = der Erste).

Reduktionsteilungen, Teilungen, durch welche die diploide (doppelte) Chromosomenzahl auf die einfache (haploide) zurückgebracht wird, indem ganze Chromosomen verteilt werden (nicht Spalthälften von Chromosomen) (lat. *redúcere* = zurückführen).

recessiv nennt man das Merkmal, das nach Kreuzung zweier durch ein Merkmal unterschiedenen Rassen in der ersten Generation nicht bemerkbar ist (lat. *recéssus* = Rückschritt).

Rudimentärhermaphroditen, Zwitter, bei denen die Merkmale des einen Geschlechts stark rückgebildet (rudimentär) sind (lat. *rudiméntum* = das Zurückgebliebene, gr. *Hermaphróditos* = Zwitter (Hermes und Aphrodite).

Spermatogonien, Ursamenzellen, aus welchen durch Teilung die Samenzellen (Spermien) hervorgehen (gr. *Spérma* = Samen, *gónos* = Geschlecht, Abstammung).

Spermatozoiden, die männlichen, beweglichen Geschlechtszellen von Pflanzen (den tierischen Samenzellen ähnlich) (gr. *Spérma* = Samen, *zṓon* = Tier, *eídos* = Gestalt).

Sporophyt, die Generation mit doppelter (diploider) Chromosomenzahl bei Pflanzen mit antithetischem Generationswechsel (gr. *spóros* = Keim, *phýton* = Pflanze).

steril, unfruchtbar (lat. *stérilis* = unfruchtbar).

Synthese, Zusammenfassung. Im Gegensatz zur Analyse (Zergliederung) das Verfahren, ein Ganzes durch logische Verknüpfung seiner Elemente aufzubauen und zu verstehen (gr. *sýntesis* = Zusammenfassung).

Termone, geschlechtsbestimmende Stoffe (lat. *terminus* = Grenze, determinieren = bestimmen). Androtermone: männliche geschlechtsbestimmende Stoffe (gr. *andrós* = des Mannes). Gynotermone: weiblich geschlechtsbestimmende Stoffe (gr. *gyné* = Weib).

Transplantation, Überpflanzung eines Organs auf ein anderes Individuum (lat. *trans* = über, *plantáre* = pflanzen).

triploid, 3 Garnituren von Chromosomen besitzend (gr. *triplóos* = dreifach, *eídos* = Gestalt).

vegetative Lebensfunktionen sind solche, die sich im Gegensatz zu den reproduktiven (die Fortpflanzung betreffenden) auf die übrigen Lebensäußerungen beziehen: Ernährung,

Wachstum usw. (lat. *vegetáre* = leben, *reprodúcere* = hervorbringen).

Zoosporen, Schwärmsporen, bewegliche, ungeschlechtliche Fortpflanzungszellen (gr. *zóon* = Tier, *spóros* = Same, Keim).

Zygote, die aus der Befruchtung (Verschmelzung) zweier haploiden Gameten (Ei- und Samenzelle usw.) hervorgegangene diploide Zelle (befruchtetes Ei) (gr. *zeúgnymi* = joche zusammen, vereinige).

Register.

SAMMLUNG GÖSCHEN

GESAMTVERZEICHNIS

Jeder Band DM 3,60 · Doppelband DM 5,80

Sommer 1963

WALTER DE GRUYTER & CO., BERLIN 30

Inhaltsübersicht

Geisteswissenschaften

Philosophie

Einführung in die Philosophie von *H. Leisegang †*. 5. Auflage. 146 Seiten. 1963. (281)

Hauptprobleme der Philosophie von *G. Simmel †*. 7., unveränderte Auflage. 177 Seiten. 1950. (500)

Geschichte der Philosophie

I: Die griechische Philosophie von *W. Capelle*. 1. Teil. Von Thales bis Leukippos. 2., erweiterte Auflage. 135 Seiten. 1953. (857)

II: Die griechische Philosophie von *W. Capelle*. 2. Teil. Von der Sophistik bis zum Tode Platons. 2., stark erweiterte Auflage. 144 Seiten. 1953. (858)

III: Die griechische Philosophie von *W. Capelle*. 3. Teil. Vom Tode Platons bis zur Alten Stoa. 2., stark erweiterte Auflage. 132 Seiten. 1954. (859)

IV: Die griechische Philosophie von *W. Capelle*. 4. Teil. Von der Alten Stoa bis zum Eklektizismus im 1. Jh. v. Chr. 2., stark erweiterte Auflage. 132 Seiten. 1954. (863)

V: Die Philosophie des Mittelalters von *J. Koch*. In Vorbereitung. (826)

VI: Von der Renaissance bis Kant von *K. Schilling*. 234 Seiten. 1954. (394/394a)

VII: Immanuel Kant von *G. Lehmann*. In Vorbereitung. (536)

VIII: Die Philosophie des 19. Jahrhunderts von *G. Lehmann*. 1. Teil. 151 Seiten. 1953. (571)

IX: Die Philosophie des 19. Jahrhunderts von *G. Lehmann*. 2. Teil. 168 Seiten. 1953. (709)

X: Die Philosophie im ersten Drittel des 20. Jahrhunderts 1. Teil von *G. Lehmann*. 128 Seiten. 1957. (845)

XI: Die Philosophie im ersten Drittel des 20. Jahrhunderts 2. Teil von *G. Lehmann*. 114 Seiten. 1960. (850)

Die geistige Situation der Zeit (1931) von *K. Jaspers*. 5., unveränderter Abdruck der im Sommer 1932 bearbeiteten 5. Auflage. 211 Seiten. 1960. (1000)

Erkenntnistheorie von *G. Kropp*.
1. Teil: Allgemeine Grundlegung. 143 Seiten. 1950. (807)

Formale Logik von *P. Lorenzen*. 2., verbesserte Auflage. 165 Seiten. 1962. (1176/1176a)

Philosophisches Wörterbuch von *M. Apel †*. 5., völlig neubearbeitete Auflage von *P. Ludz*. 315 Seiten. 1958. (1031/1031a)

Philosophische Anthropologie. Menschliche Selbstdeutung in Geschichte und Gegenwart von *M. Landmann*. 266 Seiten. 1963. (156/156a)

Pädagogik, Psychologie, Soziologie

Geschichte der Pädagogik von *Herm. Weimer*. 15., neubearbeitete und vermehrte Auflage von *Heinz Weimer*. 184 Seiten. 1962. (145)
Therapeutische Psychologie. Ihr Weg durch die Psychoanalyse von *W. M. Kranefeldt*. Mit einer Einführung von *C. G. Jung*. 3. Auflage. 152 Seiten. 1956. (1034)
Allgemeine Psychologie von *Th. Erismann †*. 4 Bände. 2., neubearbeitete Auflage.
I: Grundprobleme. 146 Seiten. 1958. (831)
II: Grundarten des psychischen Geschehens. 248 Seiten. 1959. (832/832a)
III: Experimentelle Psychologie und ihre Grundlagen. 1. Teil. 112 Seiten, 7 Abbildungen. 1962. (833)
IV: Experimentelle Psychologie und ihre Grundlagen. 2. Teil. 199 Seiten, 20 Abbildungen. 1962. (834/834a)
Soziologie. Geschichte und Hauptprobleme von *L. von Wiese*. 6. Auflage. 175 Seiten. 1960. (101)
Ideengeschichte der sozialen Bewegung des 19. und 20. Jh. von *W. Hofmann*. 243 Seiten. 1962. (1205/1205a)
Sozialpsychologie von *P. R. Hofstätter*. 181 Seiten, 15 Abbildungen, 22 Tabellen. 1956. (104/104a)
Psychologie des Berufs- und Wirtschaftslebens von *W. Moede †*. 190 Seiten, 48 Abbildungen. 1958. (851/851a)
Industrie- und Betriebssoziologie von *R. Dahrendorf*. 2., umgearbeitete und erweiterte Auflage. 142 Seiten, 3 Figuren. 1962. (103)
Einführung in die Sozialethik von *H.-D. Wendland*. 144 Seiten. 1963. (1203)

Religion

Jesus von *M. Dibelius †*. 3. Auflage, mit einem Nachtrag von *W. G. Kümmel*. 140 Seiten. 1960. (1130)
Paulus von *M. Dibelius †*. Nach dem Tode des Verfassers herausgegeben und zu Ende geführt von *W. G. Kümmel*. 2., durchgesehene Auflage. 155 Seiten. 1956. (1160)
Luther von *F. Lau*. 151 Seiten. 1959. (1187)
Melanchthon von *R. Stupperich*. 139 Seiten. 1960. (1190)
Einführung in die Konfessionskunde der orthodoxen Kirchen von *K. Onasch*. 291 Seiten. 1962. (1197/1197a)
Geschichte des christlichen Gottesdienstes von *W. Nagel*. 215 Seiten. 1962. (1202/1202a)
Geschichte Israels. Von den Anfängen bis zur Zerstörung des Tempels (70 n. Chr.) von *E. L. Ehrlich*. 158 Seiten, 1 Tafel. 1958. (231/231a)
Römische Religionsgeschichte von *F. Altheim*. 2 Bände. 2., umgearbeitete Auflage.
I: Grundlagen und Grundbegriffe. 116 Seiten. 1956. (1035)
II: Der geschichtliche Ablauf. 164 Seiten. 1956. (1052)
Die Religion des Buddhismus von *D. Schlingloff*. 2 Bände.
I: Der Heilsweg des Mönchtums. 122 Seiten, 11 Abbildungen, 1 Karte. 1962. (174)
II: Der Heilsweg für die Welt. 1963. In Vorbereitung. (770)

Musik

Musikästhetik von *H. J. Moser*. 180 Seiten. Mit zahlreichen Notenbeispielen. 1953. (344)

Systematische Modulation von *R. Hernried*. 2. Auflage. 136 Seiten. Mit zahlreichen Notenbeispielen. 1950. (1094)

Der polyphone Satz von *E. Pepping*. 2 Bände.
I: Der cantus-firmus-Satz. 2. Auflage. 223 Seiten. Mit zahlreichen Notenbeispielen. 1950. (1148)
II: Übungen im doppelten Kontrapunkt und im Kanon. 137 Seiten. Mit zahlreichen Notenbeispielen. 1957. (1164/1164a)

Allgemeine Musiklehre von *H. J. Moser*. 2., durchgesehene Auflage. 155 Seiten. Mit zahlreichen Notenbeispielen. 1955. (220/220a)

Harmonielehre von *H. J. Moser*. 2 Bände.
I: 109 Seiten. Mit 120 Notenbeispielen. 1954. (809)

Die Musik des 19. Jahrhunderts von *W. Oehlmann*. 180 Seiten. 1953. (170)

Die Musik des 20. Jahrhunderts von *W. Oehlmann*. 312 Seiten. 1961. (171/171a)

Technik der deutschen Gesangskunst von *H. J. Moser*. 3., durchgesehene und verbesserte Auflage. 144 Seiten, 5 Figuren sowie Tabellen und Notenbeispiele. 1954. (576/576a)

Die Kunst des Dirigierens von *H. W. von Waltershausen †*. 2., vermehrte Auflage. 138 Seiten. Mit 19 Notenbeispielen. 1954. (1147)

Die Technik des Klavierspiels aus dem Geiste des musikalischen Kunstwerkes von *K. Schubert †*. 3. Auflage. 110 Seiten. Mit Notenbeispielen. 1954. (1045)

Kunst

Stilkunde von *H. Weigert*. 2 Bände. 3., durchgesehene und ergänzte Auflage.
I: Vorzeit, Antike, Mittelalter. 136 Seiten, 94 Abbildungen. 1958. (80)
II: Spätmittelalter und Neuzeit. 150 Seiten, 88 Abbildungen. 1958. (781)

Archäologie von *A. Rumpf*. 2 Bände.
I: Einleitung, historischer Überblick. 143 Seiten, 6 Abbildungen, 12 Tafeln. 1953. (538)
II: Die Archäologensprache. Die antiken Reproduktionen. 136 Seiten, 7 Abbildungen, 12 Tafeln. 1956. (539)

Geschichte

Einführung in die Geschichtswissenschaft von *P. Kirn*. 4., durchgesehene Auflage. 127 Seiten. 1963. (270)

Einführung in die Zeitgeschichte von *B. Scheurig*. 101 Seiten. 1962. (1204)

Zeitrechnung der römischen Kaiserzeit, des Mittelalters und der Neuzeit für die Jahre 1—2000 n. Chr. von *H. Lietzmann †*. 3. Auflage, durchgesehen von *K. Aland*. 130 Seiten. 1956. (1085)

GEISTESWISSENSCHAFTEN

Kultur der Urzeit von *F. Behn.* 3 Bände. 4. Auflage der Kultur der Urzeit Bd. 1—3 von *M. Hoernes.*

I: Die vormetallischen Kulturen. (Die Steinzeiten Europas. Gleichartige Kulturen in anderen Erdteilen.) 172 Seiten, 48 Abbildungen. 1950. (564)

II: Die älteren Metallkulturen. (Der Beginn der Metallbenutzung, Kupfer- und Bronzezeit in Europa, im Orient und in Amerika.) 160 Seiten, 67 Abbildungen. 1950. (565)

III: Die jüngeren Metallkulturen. (Das Eisen als Kulturmetall, Hallstatt-Latène-Kultur in Europa. Das erste Auftreten des Eisens in den anderen Weltteilen.) 149 Seiten, 60 Abbildungen. 1950. (566)

Vorgeschichte Europas von *F. Behn.* Völlig neue Bearbeitung der 7. Auflage der „Urgeschichte der Menschheit" von *M. Hoernes.* 125 Seiten, 47 Abbildungen. 1949. (42)

Der Eintritt der Germanen in die Geschichte von *J. Haller †.* 3. Auflage, durchgesehen von *H. Dannenbauer.* 120 Seiten, 6 Kartenskizzen. 1957. (1117)

Von den Karolingern zu den Staufern. Die altdeutsche Kaiserzeit (900—1250) von *J. Haller †.* 4., durchgesehene Auflage von *H. Dannenbauer.* 142 Seiten, 4 Karten. 1958. (1065)

Von den Staufern zu den Habsburgern. Auflösung des Reichs und Emporkommen der Landesstaaten (1250—1519) von *J. Haller †.* 2., durchgesehene Auflage von *H. Dannenbauer.* 118 Seiten, 6 Kartenskizzen. 1960. (1077)

Deutsche Geschichte im Zeitalter der Reformation, der Gegenreformation und des dreißigjährigen Krieges von *F. Hartung.* 2., durchgesehene Auflage. 128 Seiten. 1963. (1105)

Deutsche Geschichte von 1648—1740. Politischer und geistiger Wiederaufbau von *W. Treue.* 120 Seiten. 1956. (35)

Deutsche Geschichte von 1713—1806. Von der Schaffung des europäischen Gleichgewichts bis zu Napoleons Herrschaft von *W. Treue.* 168 Seiten. 1957. (39)

Deutsche Geschichte von 1806—1890. Vom Ende des alten bis zur Höhe des neuen Reiches von *W. Treue.* 128 Seiten. 1961. (893)

Deutsche Geschichte von 1890 bis zur Gegenwart von *W. Treue.* In Vorbereitung. (894)

Quellenkunde der Deutschen Geschichte im Mittelalter (bis zur Mitte des 15. Jahrhunderts) von *K. Jacob †.* 3 Bände.

I: Einleitung. Allgemeiner Teil. Die Zeit der Karolinger. 6. Auflage, bearbeitet von *H. Hohenleutner.* 127 Seiten. 1959. (279)

II: Die Kaiserzeit (911—1250). 5. Auflage, neubearbeitet von *H. Hohenleutner.* 141 Seiten. 1961. (280)

III: Das Spätmittelalter (vom Interregnum bis 1500). Herausgegeben von *F. Weden.* 152 Seiten. 1952. (284)

Geschichte Englands von *H. Preller.* 2 Bände.

I: bis 1815. 3., stark umgearbeitete Auflage. 135 Seiten, 7 Stammtafeln, 2 Karten. 1952. (375)

II: Von 1815 bis 1910. 2., völlig umgearbeitete Auflage. 118 Seiten, 1 Stammtafel, 7 Karten. 1954. (1088)

Römische Geschichte von *F. Altheim.* **4 Bände. 2., verbesserte** Auflage.
I: Bis zur Schlacht bei Pydna (168 v.Chr.). 124 Seiten. 1956. (19)
II: Bis zur Schlacht bei Actium (31 v.Chr.). 129 Seiten. 1956. (677)
III: Bis zur Schlacht an der Milvischen Brücke (312 n.Chr.). 148 Seiten. 1958. (679)
IV: Bis zur Schlacht am Yarmuk (636 n.Chr.). In Vorbereitung. (684)

Geschichte der Vereinigten Staaten von Amerika von *O. Graf zu Stolberg-Wernigerode.* 192 Seiten, 10 Karten. 1956. (1051/1051 a)

Deutsche Sprache und Literatur

Geschichte der Deutschen Sprache von *H. Sperber.* 4. Auflage, besorgt von *W. Fleischhauer.* 128 Seiten. 1963. In Vorbereitung. (915)

Deutsches Rechtschreibungswörterbuch von *M. Gottschald †.* 2., verbesserte Auflage. 219 Seiten. 1953. (200/200a)

Deutsche Wortkunde. Kulturgeschichte des deutschen Wortschatzes von *A. Schirmer.* 4. Auflage von *W. Mitzka.* 123 Seiten. 1960. (929)

Deutsche Sprachlehre von *W. Hofstaetter.* 10. Auflage. Völlige Umarbeitung der 8. Auflage. 150 Seiten. 1960. (20)

Stimmkunde für Beruf, Kunst und Heilzwecke von *H. Biehle.* 111 Seiten. 1955. (60)

Redetechnik. Einführung in die Rhetorik von *H. Biehle.* 2., erweiterte Auflage. 151 Seiten. 1961. (61)

Sprechen und Sprachpflege (Die Kunst des Sprechens) von *H. Feist.* 2., verbesserte Auflage. 99 Seiten, 25 Abbildungen. 1952. (1122)

Deutsches Dichten und Denken von der germanischen bis zur staufischen Zeit von *H. Naumann †.* (Deutsche Literaturgeschichte vom 5.—13. Jahrhundert.) 2., verbesserte Auflage. 166 Seiten. 1952. (1121)

Deutsches Dichten und Denken vom Mittelalter zur Neuzeit von *G. Müller* (1270 bis 1700). 3., durchgesehene Auflage. 159 Seiten. 1963. In Vorbereitung. (1086)

Deutsches Dichten und Denken von der Aufklärung bis zum Realismus (Deutsche Literaturgeschichte von 1700—1890) von *K. Viëtor †.* 3., durchgesehene Auflage. 159 Seiten. 1958. (1096)

Der Nibelunge Nôt in Auswahl mit kurzem Wörterbuch von *K. Langosch.* 10., durchgesehene Auflage. 164 Seiten. 1956. (1)

Kudrun und Dietrich-Epen in Auswahl mit Wörterbuch von *O. L. Jiriczek.* 6. Auflage, bearbeitet von *R. Wisniewski.* 173 Seiten. 1957. (10)

Wolfram von Eschenbach. Parzival. Eine Auswahl mit Anmerkungen und Wörterbuch von *H. Jantzen.* 2. Auflage, bearbeitet von *H. Kolb.* 128 Seiten. 1957. (921)

Hartmann von Aue. Der arme Heinrich nebst einer Auswahl aus der „Klage“, dem „Gregorius“ und den Liedern (mit einem Wörterverzeichnis) herausgegeben von *F. Maurer.* 96 Seiten. 1958. (18)

Gottfried von Strassburg in Auswahl herausgegeben von *F. Maurer.* 142 Seiten. 1959. (22)

Die deutschen Personennamen von *M. Gottschald †*. 2., verbesserte Auflage. 151 Seiten. 1955. (422)
Althochdeutsches Elementarbuch. Grammatik und Texte von *H. Naumann †* und *W. Betz*. 3., verbesserte und vermehrte Auflage. 183 Seiten. 1962. (1111/1111a)
Mittelhochdeutsche Grammatik von *H. de Boor* und *R. Wisniewski*. 3., verbesserte und ergänzte Auflage. 150 Seiten. 1963. (1108)

Indogermanisch, Germanisch

Indogermanische Sprachwissenschaft von *H. Krahe*. 2 Bände. 4., überarbeitete Auflage.
I: Einleitung und Lautlehre. 110 Seiten. 1962. (59)
II: Formenlehre. 100 Seiten. 1963. (64)
Gotisches Elementarbuch. Grammatik, Texte mit Übersetzung und Erläuterungen von *H. Hempel*. 3., umgearbeitete Auflage. 166 Seiten. 1962. (79/79a)
Germanische Sprachwissenschaft von *H. Krahe*. 2 Bände.
I: Einleitung und Lautlehre. 5., überarbeitete Auflage. 149 Seiten. 1963. (238)
II: Formenlehre. 4., überarbeitete Auflage. 149 Seiten. 1961. (780)
Altnordisches Elementarbuch. Schrift, Sprache, Texte mit Übersetzung und Wörterbuch von *F. Ranke*. 2., durchgesehene Auflage. 146 Seiten. 1949. (1115)

Englisch, Romanisch

Altenglisches Elementarbuch. Einführung, Grammatik, Texte mit Übersetzung und Wörterbuch von *M. Lehnert*. 5., verbesserte Auflage. 178 Seiten. 1962. (1125)
Historische neuenglische Laut- und Formenlehre von *E. Ekwall*. 3., durchgesehene Auflage. 150 Seiten. 1956. (735)
Englische Phonetik von *H. Mutschmann †*. 2. Auflage, bearbeitet von *G. Scherer*. 127 Seiten. 1963. (601)
Englische Literaturgeschichte von *F. Schubel*. 4 Bände.
I: Die alt- und mittelenglische Periode. 163 Seiten. 1954. (1114)
II: Von der Renaissance bis zur Aufklärung. 160 Seiten. 1956. (1116)
III: Romantik und Viktorianismus. 160 Seiten. 1960. (1124)
Beowulf von *M. Lehnert*. Eine Auswahl mit Einführung, teilweiser Übersetzung, Anmerkungen und etymologischem Wörterbuch. 3., verbesserte Auflage. 135 Seiten. 1959. (1135)
Shakespeare von *P. Meißner †*. 2. Auflage, neubearbeitet von *M. Lehnert*. 136 Seiten. 1954. (1142)
Italienische Literaturgeschichte von *K. Voßler †*. 5. Auflage, neubearbeitet von *A. Noyer-Weidner*. In Vorbereitung. (125)

Romanische Sprachwissenschaft von *H. Lausberg*. 4 Bände.
I: Einleitung und Vokalismus. 2. Auflage. 160 Seiten. 1963. (128/128a)
II: Konsonantismus. 95 Seiten. 1956. (250)
III: Formenlehre. 1. Teil. 99 Seiten. 1962. (1199)
III: Formenlehre. 2. Teil. S. 99—260. 1962. (1200/1200a)
IV: Wortlehre. In Vorbereitung. (1208)

Griechisch, Lateinisch

Griechische Sprachwissenschaft von *W. Brandenstein*. 2 Bände.
I: Einleitung, Lautsystem, Etymologie. 160 Seiten. 1954. (117)
II: Wortbildung und Formenlehre. 192 Seiten. 1959. (118/118a)

Geschichte der griechischen Sprache. 2 Bände.
I: Bis zum Ausgang der klassischen Zeit von *O. Hoffmann †*. 3. Auflage, bearbeitet von *A. Debrunner †*. 156 Seiten. 1953. (111)
II: Grundfragen und Grundzüge des nachklassischen Griechisch von *A. Debrunner †*. 144 Seiten. 1954. (114)

Geschichte der griechischen Literatur von *W. Nestle*. 2. Bände. 3. Auflage, bearbeitet von *W. Liebich*.
I: 144 Seiten. 1961. (70)
II: In Vorbereitung. (557)

Grammatik der neugriechischen Volkssprache von *J. Kalitsunakis*. 3., wesentlich erweiterte und verbesserte Auflage. 196 Seiten. 1963. (756/756a)

Neugriechisch-deutsches Gesprächsbuch von *J. Kalitsunakis*. 2. Auflage, bearbeitet von *A. Steinmetz*. 99 Seiten. 1960. (587)

Geschichte der lateinischen Sprache von *F. Stolz*. 4. Auflage von *A. Debrunner †*. In Vorbereitung. (492)

Geschichte der römischen Literatur von *L. Bieler*. 2 Bände.
I: Die Literatur der Republik. 160 Seiten. 1961. (52)
II: Die Literatur der Kaiserzeit. 133 Seiten. 1961. (866)

Hebräisch, Sanskrit, Russisch

Hebräische Grammatik von *G. Beer †*. 2 Bände. Völlig neubearbeitet von *R. Meyer*.
I: Schrift-, Laut- und Formenlehre I. 3. Auflage. 157 Seiten. In Vorbereitung. (763/763a)
II: Formenlehre II. Syntax und Flexionstabellen. 2. Auflage. 195 Seiten. 1955. (764/764a)

Hebräisches Textbuch zu *G. Beer-R. Meyer*, Hebräische Grammatik von *R. Meyer*. 170 Seiten. 1960. (769/769a)

Sanskrit-Grammatik von *M. Mayrhofer*. 89 Seiten. 1953. (1158)

Russische Grammatik von *E. Berneker †*. 6., verbesserte Auflage vor *M. Vasmer †*. 155 Seiten. 1961. (66)

Slavische Sprachwissenschaft von *H. Bräuer*. 2 Bände.
I: Einleitung, Lautlehre. 221 Seiten. 1961. (1191/1191a)

Erd- und Länderkunde, Kartographie

Afrika von *F. Jaeger*. Ein geographischer Überblick. 2 Bände. 3. Auflage.
I: Der Lebensraum. 179 Seiten, 18 Abbildungen. 1963. In Vorbereitung. (910)
II: Mensch und Kultur. 155 Seiten, 6 Abbildungen. 1963. In Vorbereitung. (911)

Australien und Ozeanien von *H. J. Krug*. 176 Seiten, 46 Skizzen. 1953. (319)

Kartographie von *V. Heissler*. 213 Seiten, 125 Abb., 8 Anlagen. 1962. (30/30a)

Volkswirtschaft, Statistik, Publizistik

Allgemeine Betriebswirtschaftslehre von *K. Mellerowicz*. 4 Bände. 11., durchgesehene Auflage.
I: 224 Seiten. 1961. (1008/1008a)
II: 188 Seiten. 1962. (1153/1153a)
III: 260 Seiten. 1963. (1154/1154a)
IV: 209 Seiten. 1963. (1186/1186a)

Geschichte der Volkswirtschaftslehre von *S. Wendt*. 182 Seiten. 1961. (1194)

Allgemeine Volkswirtschaftslehre von *A. Paulsen*. 4 Bände.
I: Grundlegung, Wirtschaftskreislauf. 4., neubearbeitete Auflage. 154 Seiten. 1962. (1169)
II. Haushalte, Unternehmungen, Marktformen. 4., neubearbeitete Auflage. 168 Seiten, 32 Abbildungen. 1963. (1170)
III: Produktionsfaktoren. 3., neubearbeitete und ergänzte Auflage. 198 Seiten. 1963. (1171)
IV: Gesamtbeschäftigung, Konjunkturen, Wachstum. 2. Auflage. 174 Seiten. 1962. (1172)

Allgemeine Volkswirtschaftspolitik von *H. Ohm*. 2 Bände.
I: Systematisch-Theoretische Grundlegung. 137 Seiten, 6 Abbildungen. 1962. (1195)
II: Der volkswirtschaftliche Gesamtorganismus als Objekt der Wirtschaftspolitik. In Vorbereitung. (1196)

Finanzwissenschaft von *H. Kolms*. 4 Bände.
I: Grundlegung, Öffentliche Ausgaben. 2. Auflage. 160 Seiten. 1963. In Vorbereitung. (148)
II: Erwerbseinkünfte, Gebühren und Beiträge; Allgemeine Steuerlehre. 2. Auflage, 148 Seiten. 1963. In Vorbereitung. (391)
III: Besondere Steuerlehre. 178 Seiten. 1962. (776)
IV: Öffentlicher Kredit. Haushaltswesen. Finanzausgleich. In Vorbereitung. (782)

Finanzmathematik von *M. Nicolas*. 192 Seiten, 11 Tafeln, 8 Tabellen und 72 Beispiele. 1959. (1183/1183a)

Industrie- und Betriebssoziologie von *R. Dahrendorf*. 2., umgearbeitete und erweiterte Auflage. 142 Seiten, 3 Figuren. 1962. (103)

Wirtschaftssoziologie von *F. Fürstenberg*. 122 Seiten. 1961. (1193)

Psychologie des Berufs- und Wirtschaftslebens von *W. Moede †*. 190 Seiten, 48 Abbildungen. 1958. (851/851a)

Allgemeine Methodenlehre der Statistik von *J. Pfanzagl*. 2 Bände.
I: Elementare Methoden unter besonderer Berücksichtigung der Anwendungen in den Wirtschafts- und Sozialwissenschaften. 2. Auflage. Etwa 205 Seiten, 35 Abbildungen. 1963. (746/746a)
II: Höhere Methoden unter besonderer Berücksichtigung der Anwendungen in Naturwissenschaft, Medizin und Technik. 295 Seiten, 39 Abbildungen. 1962. (747/747a)

Zeitungslehre von *E. Dovifat*. 2 Bände. 4., neubearbeitete Auflage.
I: Theoretische und rechtliche Grundlagen — Nachricht und Meinung — Sprache und Form. 149 Seiten. 1962. (1039)
II: Redaktion — Die Sparten: Verlag und Vertrieb, Wirtschaft und Technik — Sicherung der öffentlichen Aufgabe. 168 Seiten. 1962. (1040)

Naturwissenschaften

Mathematik

Geschichte der Mathematik von *J. E. Hofmann.* 4 Bände.
I: Von den Anfängen bis zum Auftreten von Fermat und Descartes. 2., verbesserte und vermehrte Auflage. 200 Seiten. 1963. (226/226a)
II: Von Fermat und Descartes bis zur Erfindung des Calculus und bis zum Ausbau der neuen Methoden. 109 Seiten. 1957. (875)
III: Von den Auseinandersetzungen um den Calculus bis zur französischen Revolution. 107 Seiten. 1957. (882)
IV: Geschichte der Mathematik der neuesten Zeit von *N. Stuloff.* In Vorbereitung. (883)

Mathematische Formelsammlung von *F. O. Ringleb.* 7., erweiterte Auflage. 320 Seiten, 40 Figuren. 1960. (51/51a)

Vierstellige Tafeln und Gegentafeln für logarithmisches und trigonometrisches Rechnen in zwei Farben zusammengestellt von *H. Schubert* und *R. Haussner.* 3., neubearbeitete Auflage von *J. Erlebach.* 158 Seiten. 1960. (81)

Fünfstellige Logarithmen mit mehreren graphischen Rechentafeln und häufig vorkommenden Zahlenwerten von *A. Adler.* 4. Auflage, überarbeitet von *J. Erlebach.* 127 Seiten, 1 Tafel. 1962. (423)

Arithmetik von *P. B. Fischer †.* 3. Auflage von *H. Rohrbach.* 152 Seiten, 19 Abbildungen. 1958. (47)

Höhere Algebra von *H. Hasse.* 2 Bände.
I: Lineare Gleichungen. 5., neubearbeitete Auflage. 150 Seiten. 1963. (931)
II: Gleichungen höheren Grades. 4., durchgesehene Auflage. 158 Seiten, 5 Figuren. 1958. (932)

Aufgabensammlung zur höheren Algebra von *H. Hasse* und *W. Klobe.* 3., verbesserte Auflage. 183 Seiten. 1961. (1082)

Elementare und klassische Algebra vom modernen Standpunkt von *W. Krull.* 2 Bände.
I: 3., erweiterte Auflage. 158 Seiten. 1963. (930)
II: 132 Seiten. 1959. (933)

Algebraische Kurven und Flächen von *W. Burau.* 2 Bände.
I: Algebraische Kurven der Ebene. 153 Seiten, 28 Abbildungen. 1962. (435)
II: Algebraische Flächen 3. Grades und Raumkurven 3. und 4. Grades. 162 Seiten, 17 Abbildungen. 1962. (436/436a)

Einführung in die Zahlentheorie von *A. Scholz †.* Überarbeitet und herausgegeben von *B. Schoeneberg.* 3. Auflage. 128 Seiten. 1961. (1131)

Formale Logik von *P. Lorenzen.* 2., verbesserte Auflage. 165 Seiten. 1962. (1176/1176a)

Topologie von *W. Franz.* 2 Bände.
I: Allgemeine Topologie. 144 Seiten, 9 Figuren. 1960. (1181)
II: Algebraische Topologie. In Vorbereitung. (1182)

Elemente der Funktionentheorie von *K. Knopp †*. 6. Auflage. 144 Seiten, 23 Figuren. 1963. (1109)

Funktionentheorie von *K. Knopp †*. 2 Bände. 10. Auflage.

I: Grundlagen der allgemeinen Theorie der analytischen Funktionen. 144 Seiten, 8 Figuren. 1961. (668)

II: Anwendungen und Weiterführung der allgemeinen Theorie. 130 Seiten, 7 Figuren. 1962. (703)

Aufgabensammlung zur Funktionentheorie von *K. Knopp †*. 2 Bände.

I: Aufgaben zur elementaren Funktionentheorie. 6. Auflage. 135 Seiten. 1962. (877)

II: Aufgaben zur höheren Funktionentheorie. 5. Auflage. 151 Seiten. 1959. (878)

Differential- und Integralrechnung von *M. Barner*. (Früher *Witting*). 4 Bände.

I: Grenzwertbegriff, Differentialrechnung. 2. Auflage. Etwa 176 Seiten. 1963. In Vorbereitung. (86)

Gewöhnliche Differentialgleichungen von *G. Hoheisel*. 6., neubearbeitete und erweiterte Auflage. 128 Seiten. 1960. (920)

Partielle Differentialgleichungen von *G. Hoheisel*. 4., durchgesehene Auflage. 128 Seiten. 1960. (1003)

Aufgabensammlung zu den gewöhnlichen und partiellen Differentialgleichungen von *G. Hoheisel*. 4., durchgesehene und verbesserte Auflage. 124 Seiten. 1958. (1059)

Integralgleichungen von *G. Hoheisel*. 2., neubearbeitete und erweiterte Auflage. 112 Seiten. 1963. (1099)

Mengenlehre von *E. Kamke*. 4., verbesserte Auflage. 194 Seiten, 6 Figuren. 1962. (999/999a)

Gruppentheorie von *L. Baumgärtner*. 3., neubearbeitete Auflage. 110 Seiten, 3 Tafeln. 1958. (837)

Ebene und sphärische Trigonometrie von *G. Hessenberg †*. 5. Auflage, durchgesehen von *H. Kneser*. 172 Seiten, 60 Figuren. 1957. (99)

Darstellende Geometrie von *W. Haack*. 3 Bände.

I: Die wichtigsten Darstellungsmethoden. Grund- und Aufriß ebenflächiger Körper. 4., durchgesehene und ergänzte Auflage. 113 Seiten, 120 Abbildungen. 1963. (142)

II: Körper mit krummen Begrenzungsflächen. Kotierte Projektionen. 3., durchgesehene Auflage. 129 Seiten, 86 Abbildungen. 1962. (143)

III: Axonometrie und Perspektive. 2., durchgesehene und ergänzte Auflage. 129 Seiten, 100 Abbildungen. 1962. (144)

Analytische Geometrie von *K. P. Grotemeyer*. 2., erweiterte Auflage. 218 Seiten, 73 Abbildungen. 1962. (65/65a)

Nichteuklidische Geometrie. Hyperbolische Geometrie der Ebene von *R. Baldus †*. Durchgesehen und herausgegeben von *F. Löbell*. 3., verbesserte Auflage. 140 Seiten, 70 Figuren. 1953. (970)

Differentialgeometrie von *K. Strubecker* (früher *Rothe*). 3 Bände.

I: Kurventheorie der Ebene und des Raumes. 150 Seiten, 18 Figuren. 1955. (1113/1113a)

II: Theorie der Flächenmetrik. 195 Seiten, 14 Figuren. 1958. (1179/1179a)

III: Theorie der Flächenkrümmung. 254 Seiten, 38 Figuren. 1959. (1180/1180a)

Variationsrechnung von *L. Koschmieder*. 2 Bände. 2., neubearbeitete Auflage.
I: Das freie und gebundene Extrem einfacher Grundintegrale. 128 Seiten, 23 Figuren. 1962. (1074)
II: Anwendung klassischer Verfahren auf allgemeine Fragen des Extrems. — Neuere unmittelbare Verfahren. In Vorbereitung. (1075)

Einführung in die konforme Abbildung von *L. Bieberbach*. 5., erweiterte Auflage. 180 Seiten, 42 Figuren. 1956. (768/768a)

Vektoren und Matrizen von *S. Valentiner*. 3. Auflage. (10., erweiterte Auflage der „Vektoranalysis"). Mit Anhang: Aufgaben zur Vektorrechnung von *H. König*. 206 Seiten, 35 Figuren. 1963. (354/354a)

Versicherungsmathematik von *F. Böhm*. 2 Bände.
I: Elemente der Versicherungsrechnung. 3., vermehrte und verbesserte Auflage. Durchgesehener Neudruck. 151 Seiten. 1953. (180)
II: Lebensversicherungsmathematik. Einführung in die technischen Grundlagen der Sozialversicherung. 2., verbesserte und vermehrte Auflage. 205 Seiten. 1953. (917/917a)

Finanzmathematik von *M. Nicolas*. 192 Seiten, 11 Tafeln, 8 Tabellen und 72 Beispiele. 1959. (1183/1183a)

Physik

Einführung in die theoretische Physik von *W. Döring*. 5 Bände.
I: Mechanik. 2., verbesserte Auflage. 123 Seiten, 25 Abbildungen. 1960. (76)
II: Das elektromagnetische Feld. 2., verbesserte Auflage. 132 Seiten, 15 Abbildungen. 1962. (77)
III: Optik. 2., verbesserte Auflage. 117 Seiten, 32 Abbildungen. 1963. (78)
IV: Thermodynamik. 107 Seiten, 9 Abbildungen. 1956. (374)
V: Statistische Mechanik. 114 Seiten, 12 Abbildungen. 1957. (1017)

Mechanik deformierbarer Körper von *M. Päsler*. 199 Seiten, 48 Abbildungen. 1960. (1189/1189a)

Atomphysik von *K. Bechert*, *Ch. Gerthsen †* und *A. Flammersfeld*. 7 Bände.
I: Allgemeine Grundlagen. 1. Teil. 4., durchgesehene Auflage von *A. Flammersfeld*. 124 Seiten, 35 Abbildungen. 1959. (1009)
II: Allgemeine Grundlagen. 2. Teil. 4., umgearbeitete Auflage von *A. Flammersfeld*. 112 Seiten, 47 Abbildungen. 1963 (1033)
III: Theorie des Atombaus. 1. Teil von *K. Bechert*. 4., umgearbeitete Auflage. 148 Seiten, 16 Abbildungen. 1963. (1123/1123a)
IV: Theorie des Atombaus. 2. Teil von *K. Bechert*. 4., umgearbeitete Auflage. 170 Seiten, 14 Abbildungen. 1963. (1165/1165a)

Differentialgleichungen der Physik von *F. Sauter*. 3., durchgesehene und ergänzte Auflage. 148 Seiten, 16 Figuren. 1958. (1070)

Physikalische Formelsammlung von *G. Mahler †*. Fortgeführt von *K. Mahler*. Neubearbeitet von *H. Graewe*. 11. Auflage. 167 Seiten, 69 Figuren. 1963. (136)

Physikalische Aufgabensammlung von *G. Mahler †*. Fortgeführt von *K. Mahler*. Neubearbeitet von *H. Graewe*. Mit den Ergebnissen. 12. Auflage. 1963. (243)

Chemie

Geschichte der Chemie in kurzgefaßter Darstellung von *G. Lockemann*. 2 Bände.
I: Vom Altertum bis zur Entdeckung des Sauerstoffs. 142 Seiten, 8 Bildnisse. 1950. (264)
II: Von der Entdeckung des Sauerstoffs bis zur Gegenwart. 151 Seiten, 16 Bildnisse. 1955. (265/265a)

Anorganische Chemie von *W. Klemm*. 12., neubearbeitete und erweiterte Auflage. 255 Seiten, 34 Abbildungen. 1962. (37/37a)

Organische Chemie von *W. Schlenk*. 9., erweiterte Auflage. 273 Seiten, 16 Abbildungen. 1963. (38/38a)

Physikalische Methoden in der Organischen Chemie von *G. Kresze*. 2 Bände.
I: 119 Seiten, 65 Abbildungen. 1962. (44)
II: 164 Seiten. 1962. (45/45a)

Allgemeine und physikalische Chemie von *W. Schulze*. 2 Bände.
I: 5., durchgesehene Auflage. 139 Seiten, 10 Figuren. 1960. (71)
II: 5., verbesserte Auflage. 178 Seiten, 37 Figuren. 1961. (698/698a)

Einfache Versuche zur allgemeinen und physikalischen Chemie von *E. Dehn*. 371 Versuche mit 40 Abbildungen. 272 Seiten. 1962. (1201/1201a)

Molekülbau. Theoretische Grundlagen und Methoden der Strukturermittlung von *W. Schulze*. 123 Seiten, 43 Figuren. 1958. (786)

Physikalisch-chemische Rechenaufgaben von *E. Asmus*. 3., verbesserte Auflage. 96 Seiten. 1958. (445)

Maßanalyse. Theorie und Praxis der klassischen und der elektrochemischen Titrierverfahren von *G. Jander* und *K. F. Jahr*, bearbeitet von *H. Knoll*. 10. Auflage. 338 Seiten, 56 Figuren. 1963. (221/221a)

Qualitative Analyse von *H. Hofmann* u. *G. Jander*. 308 Seiten, 5 Abbildungen. 1960. (247/247a)

Thermochemie von *W. A. Roth †*. 2., verbesserte Auflage. 109 Seiten, 16 Figuren. 1952. (1057)

Stöchiometrische Aufgabensammlung von *W. Bahrdt †* und *R. Scheer*. Mit den Ergebnissen. 7., durchgesehene Auflage. 119 Seiten. 1960. (452)

Elektrochemie von *K. Vetter*. 2 Bände.
I: 1963. In Vorbereitung. (252)
II: 1963. In Vorbereitung. (253)

Technologie

Die Chemie der Kunststoffe von *K. Hamann*, unter Mitarbeit von *W. Funke* und *H. D. Hermann*. 143 Seiten. 1960. (1173)
Warenkunde von *K. Hassak* und *E. Beutel* †. 2 Bände.
I: Anorganische Waren sowie Kohle und Erdöl. 8. Auflage. Neubearbeitet von *A. Kutzelnigg*. 119 Seiten, 18 Figuren. 1958. (222)
II: Organische Waren. 8. Auflage. Vollständig neubearbeitet von *A. Kutzelnigg*. 157 Seiten, 32 Figuren. 1959. (223)
Die Fette und Öle von *Th. Klug*. 6., verbesserte Auflage. 143 Seiten. 1961. (335)
Die Seifenfabrikation von *K. Braun* †. 3., neubearbeitete und verbesserte Auflage von *Th. Klug*. 116 Seiten, 18 Abbildungen. 1953. (336)
Thermische Verfahrenstechnik von *H. Bock*. 3 Bände.
I: Eigenschaften und Verhalten der realen Stoffe. 1963. Im Druck. (1209/1209a)
II: Funktion und Berechnung der elementaren Geräte. 1963. (1210/1210a)
Textilindustrie von *A. Blümcke*.
I: Spinnerei und Zwirnerei. 111 Seiten, 43 Abbildungen. 1954. (184)

Biologie

Einführung in die allgemeine Biologie und ihre philosophischen Grund- und Grenzfragen von *M. Hartmann*. 132 Seiten, 2 Abbildungen. 1956. (96)
Hormone von *G. Koller*. 2., neubearbeitete und erweiterte Auflage. 187 Seiten, 60 Abbildungen, 19 Tabellen. 1949. (1141)
Fortpflanzung im Tier- und Pflanzenreich von *J. Hämmerling*. 2., ergänzte Auflage. 135 Seiten, 101 Abbildungen. 1951. (1138)
Geschlecht und Geschlechtsbestimmung im Tier- und Pflanzenreich von *M. Hartmann*. 2., verbesserte Auflage. 116 Seiten, 61 Abbildungen, 7 Tabellen. 1951. (1127)
Symbiose der Tiere mit pflanzlichen Mikroorganismen von *P. Buchner*. 2., verbesserte und vermehrte Auflage. 130 Seiten, 121 Abbildungen. 1949. (1128)
Grundriß der Allgemeinen Mikrobiologie von *W.* u. *A. Schwartz*. 2 Bände. 2., verbesserte und ergänzte Auflage.
I: 147 Seiten, 25 Abbildungen. 1960. (1155)
II: 142 Seiten, 29 Abbildungen. 1961. (1157)

Botanik

Entwicklungsgeschichte des Pflanzenreiches von *H. Heil*. 2. Auflage. 138 Seiten, 94 Abbildungen, 1 Tabelle. 1950. (1137)
Morphologie der Pflanzen von *L. Geitler*., 3., umgearbeitete Auflage. 126 Seiten, 114 Abbildungen. 1953. (141)
Pflanzengeographie von *L. Diels* †. 5., völlig neubearbeitete Auflage von *F. Mattick*. 195 Seiten, 2 Karten. 1958. (389/389a)

Die Laubhölzer. Kurzgefaßte Beschreibung der in Mitteleuropa gedeihenden Laubbäume und Sträucher von *F. W. Neger †* und *E. Münch †*. 3., durchgesehene Auflage, herausgegeben von *B. Huber*. 143 Seiten, 63 Figuren, 7 Tabellen. 1950. (718)

Die Nadelhölzer (Koniferen) und übrigen Gymnospermen von *F. W. Neger †* und *E. Münch †*. 4. Auflage, durchgesehen und ergänzt von *B. Huber*. 140 Seiten, 75 Figuren, 4 Tabellen, 3 Karten. 1952. (355)

Pflanzenzüchtung von *H. Kuckuck*. 2 Bände.

I: Grundzüge der Pflanzenzüchtung. 3., völlig umgearbeitete und erweiterte Auflage. 132 Seiten, 22 Abbildungen. 1952. (1134)

II: Spezielle gartenbauliche Pflanzenzüchtung (Züchtung von Gemüse, Obst und Blumen). 178 Seiten, 27 Abbildungen. 1957. (1178/1178a)

Zoologie

Entwicklungsphysiologie der Tiere von *F. Seidel*. 2 Bände.

I: Ei und Furchung. 126 Seiten, 29 Abbildungen. 1953. (1162)

II: Körpergrundgestalt und Organbildung. 159 Seiten, 42 Abbildungen. 1953. (1163)

Das Tierreich

I: Einzeller, Protozoen von *E. Reichenow*. 115 Seiten. 59 Abbildungen. 1956. (444)

II: Schwämme und Hohltiere von *H. J. Hannemann*. 95 Seiten, 80 Abbildungen. 1956. (442)

III: Würmer. Platt-, Hohl-, Schnurwürmer, Kamptozoen, Ringelwürmer, Protracheaten, Bärtierchen, Zungenwürmer von *S. Jaeckel*. 114 Seiten, 36 Abbildungen. 1955. (439)

IV, 1: Krebse von *H. E. Gruner* und *K. Deckert*. 114 Seiten, 43 Abbildungen. 1956. (443)

IV, 2: Spinnentiere (Trilobitomorphen, Fühlerlose) und Tausendfüßler von *A. Kaestner*. 96 Seiten, 55 Abbildungen. 1955. (1161)

IV, 3: Insekten von *H. von Lengerken*. 128 Seiten, 58 Abbildungen. 1953. (594)

V: Weichtiere. Urmollusken, Schnecken, Muscheln und Kopffüßer von *S. Jaeckel*. 92 Seiten. 34 Figuren. 1954. (440)

VI: Stachelhäuter. Tentakulaten, Binnenatmer und Pfeilwürmer von *S. Jaeckel*. 100 Seiten, 46 Abbildungen. 1955. (441)

VII, 1: Manteltiere, Schädellose, Rundmäuler von *Th. Haltenorth*. In Vorbereitung. (448)

VII, 2: Fische von *D. Lüdemann*. 130 Seiten, 65 Abbildungen. 1955. (356)

VII, 3: Lurche (Chordatiere) von *K. Herter*. 143 Seiten, 129 Abbildungen. 1955. (847)

VII, 4: Kriechtiere (Chordatiere) von *K. Herter*. 200 Seiten, 42 Abbildungen. 1960. (447/447a)

VII, 5: Vögel (Chordatiere) von *H.-A. Freye*. 156 Seiten, 69 Figuren. 1960. (869)

VII, 6: Säugetiere (Chordatiere) von *Th. Haltenorth*. In Vorbereitung. (282)

Land- und Forstwirtschaft

Landwirtschaftliche Tierzucht. Die Züchtung und Haltung der landwirtschaftlichen Nutztiere von *H. Vogel.* 139 Seiten, 11 Abbildungen. 1952. (228)

Kulturtechnische Bodenverbesserungen von *O. Fauser.* 2 Bände. 5., verbesserte und vermehrte Auflage.
I: Allgemeines, Entwässerung. 127 Seiten, 49 Abbildungen. 1959. (691)
II: Bewässerung, Ödlandkultur, Flurbereinigung. 159 Seiten, 71 Abbildungen. 1961. (692)

Agrikulturchemie von *K. Scharrer.* 2 Bände.
I: Pflanzenernährung. 143 Seiten. 1953. (329)
II: Futtermittelkunde. 192 Seiten. 1956. (330/330a)

Geologie, Mineralogie, Kristallographie

Geologie von *F. Lotze.* 2., verbesserte Auflage. 178 Seiten, 80 Abbildungen. 1961. (13)

Erzkunde von *H. von Philipsborn.* In Vorbereitung. (1207)

Mineral- und Erzlagerstättenkunde von *H. Huttenlocher †.* 2 Bände.
I: 2. Auflage. 128 Seiten, 34 Abbildungen. In Vorbereitung. (1014)
II: 156 Seiten, 48 Abbildungen. 1954. (1015/1015a)

Allgemeine Mineralogie. 11., erweiterte Auflage der „Mineralogie" von *R. Brauns †, neubearbeitet* von *K. F. Chudoba.* 152 Seiten, 143 Textfiguren, 1 Tafel, 3 Tabellen. 1963. (29/29a)

Spezielle Mineralogie. 10., erweiterte Auflage der „Mineralogie" von *R. Brauns †,* bearbeitet von *K. F. Chudoba.* 170 Seiten, 125 Textfiguren, 4 Tabellen. 1959. (31/31a)

Petrographie (Gesteinskunde) von *W. Bruhns †.* Neubearbeitet von *P. Ramdohr.* 5., erweiterte Auflage. 141 Seiten, 10 Figuren. 1960. (173)

Kristallographie von *W. Bruhns †.* 5. Auflage, neubearbeitet von *P. Ramdohr.* 109 Seiten, 164 Abbildungen. 1958. (210)

Einführung in die Kristalloptik von *E. Buchwald.* 5., verbesserte Auflage. Etwa 138 Seiten, 117 Figuren. 1963. (619)

Lötrohrprobierkunde. Mineraldiagnose mit Lötrohr und Tüpfelreaktion von *M. Henglein.* 4., durchgesehene und erweiterte Auflage. 108 Seiten, 12 Figuren. 1962. (483)

Technik

Graphische Darstellung in Wissenschaft und Technik von *M. Pirani*. 3., erweiterte Auflage bearbeitet von *J. Fischer* unter Benutzung der von *I. Runge* besorgten 2. Auflage. 216 Seiten, 104 Abbildungen. 1957. (728/728a)

Technische Tabellen und Formeln von *W. Müller*. 5., verbesserte und erweiterte Auflage von *E. Schulze*. 165 Seiten, 114 Abbildungen, 99 Tafeln. 1962. (579)

Grundlagen der Straßenverkehrstechnik. Theorie der Leistungsfähigkeit von *E. Engel*. 101 Seiten, 55 Abbildungen. 1962. (1198)

Elektrotechnik

Grundlagen der allgemeinen Elektrotechnik von *O. Mohr*. 2., durchgesehene Auflage. 260 Seiten, 136 Bilder, 14 Tafeln. 1961. (196/196a)

Die Gleichstrommaschine von *K. Humburg*. 2 Bände. 2., durchgesehene Auflage.
I: 102 Seiten, 59 Abbildungen. 1956. (257)
II: 101 Seiten, 38 Abbildungen. 1956. (881)

Die Synchronmaschine von *W. Putz*. 92 Seiten, 64 Bilder. 1962. (1146)

Induktionsmaschinen von *F. Unger*. 2., erweiterte Auflage. 142 Seiten, 49 Abbildungen. 1954. (1140)

Die komplexe Berechnung von Wechselstromschaltungen von *H. H. Meinke*. 3. Auflage. 180 Seiten, 126 Abbildungen. 1963. In Vorbereitung. (1156/1156a)

Theoretische Grundlagen zur Berechnung der Schaltgeräte von *F. Kesselring*. 3. Auflage. 144 Seiten, 92 Abbildungen. 1950. (711)

Einführung in die Technik selbsttätiger Regelungen von *W. zur Megede*. 2., durchgesehene Auflage. 180 Seiten, 86 Abbildungen. 1961. (714/714a)

Elektromotorische Antriebe (Grundlagen für die Berechnung) von *A. Schwaiger*. 3., neubearbeitete Auflage. 96 Seiten, 34 Abbildungen. 1952. (827)

Überspannungen und Überspannungsschutz von *G. Frühauf*. Durchgesehener Neudruck. 122 Seiten, 98 Abbildungen. 1950. (1132)

Elektrische Höchstspannungs-Schaltanlagen von *G. Meiners* und *K. H. Wiesenewsky*. 1963. In Vorbereitung. (796)

Transformatoren von *W. Schäfer*. 4., überarbeitete und ergänzte Auflage. 130 Seiten, 73 Abbildungen. 1962. (952)

Maschinenbau

Metallkunde von *H. Borchers*. 3 Bände. 5., ergänzte und durchgesehene Auflage.
I: Aufbau der Metalle und Legierungen. 120 Seiten, 90 Abbildungen, 2 Tabellen. 1962. (432)
II: Eigenschaften. Grundzüge der Form- und Zustandsgebung. 182 Seiten. 107 Abbildungen, 10 Tabellen. 1963. (433/433a)
III: Die metallkundlichen Untersuchungsmethoden von *E. Hanke*. In Vorbereitung. (434)

Die Werkstoffe des Maschinenbaues von *A. Thum †* und *C. M. v. Meysenbug*. 2 Bände.
I: Einführung in die Werkstoffprüfung. 2., neubearbeitete Auflage. 100 Seiten, 7 Tabellen, 56 Abbildungen. 1956. (476)
II: Die Konstruktionswerkstoffe. 132 Seiten, 40 Abbildungen. 1959. (936)

Dynamik von *W. Müller*. 2 Bände. 2., verbesserte Auflage.
I: Dynamik des Einzelkörpers. 128 Seiten, 48 Figuren. 1952. (902)
II: Systeme von starren Körpern. 102 Seiten, 41 Figuren. 1952. (903)

Technische Schwingungslehre von *L. Zipperer*. 2 Bände. 2., neubearbeitete Auflage.
I: Allgemeine Schwingungsgleichungen, einfache Schwinger. 120 Seiten, 101 Abbildungen. 1953. (953)
II: Torsionsschwingungen in Maschinenanlagen. 102 Seiten, 59 Abbildungen. 1955. (961/961a)

Werkzeugmaschinen für Metallbearbeitung von *K. P. Matthes*. 2 Bände.
I: 100 Seiten, 27 Abbildungen, 11 Zahlentafeln, 1 Tafelanhang. 1954. (561)
II: Fertigungstechnische Grundlagen der neuzeitlichen Metallbearbeitung. 101 Seiten, 30 Abbildungen, 5 Tafeln. 1955. (562)

Das Maschinenzeichnen mit Einführung in das Konstruieren von *W. Tochtermann*. 2 Bände. 4. Auflage.
I: Das Maschinenzeichnen. 156 Seiten, 75 Tafeln. 1950. (589)
II: Ausgeführte Konstruktionsbeispiele. 130 Seiten, 58 Tafeln. 1950. (590)

Die Maschinenelemente von *E. A. vom Ende †*. 4., überarbeitete Auflage. 184 Seiten, 179 Figuren, 11 Tafeln. 1963. (3/3a)

Die Maschinen der Eisenhüttenwerke von *L. Engel*. 156 Seiten, 95 Abbildungen. 1957. (583/583a)

Walzwerke von *H. Sedlaczek †* unter Mitarbeit von *F. Fischer* und *M. Buch*. 232 Seiten, 157 Abbildungen. 1958. (580/580a)

Getriebelehre von *P. Grodzinski †*. 2 Bände. 3., neubearbeitete Auflage von *G. Lechner*.
I: Geometrische Grundlagen. 164 Seiten, 131 Figuren. 1960. (1061)
II: Angewandte Getriebelehre. In Vorbereitung. (1062)

Kinematik von *H. R. Müller*. 171 Seiten, 75 Figuren. 1963. (584/584a)

Gießereitechnik von *H. Jungbluth.* 2 Bände.
I: Eisengießerei. 126 Seiten, 44 Abbildungen. 1951. (1159)

Die Dampfturbinen. Ihre Wirkungsweise, Berechnung und Konstruktion von *C. Zietemann.* 3 Bände.
I: Theorie der Dampfturbinen. 4. Auflage. 139 Seiten, 48 Abbildungen. 1963. In Vorbereitung. (274)
II: Die Berechnung der Dampfturbinen und die Konstruktion der Einzelteile. 3., verbesserte Auflage. 132 Seiten, 111 Abbildungen. 1956. (715)
III: Die Regelung der Dampfturbinen, die Bauarten, Turbinen für Sonderzwecke, Kondensationsanlagen. 3., verbesserte Auflage. 126 Seiten, 90 Abbildungen. 1956. (716)

Verbrennungsmotoren von *W. Endres.* 3 Bände.
I: Überblick. Motor-Brennstoffe. Verbrennung im Motor allgemein, im Otto- und Diesel-Motor. 153 Seiten, 57 Abbildungen. 1958. (1076/1076a)
II: Die heutigen Typen der Verbrennungskraftmaschine. In Vorbereitung. (1184)
III: Die Einzelteile des Verbrennungsmotors. In Vorbereitung. (1185)

Autogenes Schweißen und Schneiden von *H. Niese.* 5. Auflage, neubearbeitet von *A. Küchler.* 136 Seiten, 71 Figuren. 1953. (499)

Die elektrischen Schweißverfahren von *H. Niese.* 2. Auflage, neubearbeitet von *H. Dienst.* 136 Seiten, 58 Abbildungen. 1955. (1020)

Die Hebezeuge. Entwurf von Winden und Kranen von *G. Tafel.* 2., verbesserte Auflage. 176 Seiten, 230 Figuren. 1954. (414/414a)

Wasserbau

Wasserkraftanlagen von *A. Ludin* unter Mitarbeit von *W. Borkenstein.* 2 Bände.
I: Planung, Grundlagen und Grundzüge. 124 Seiten, 60 Abbildungen. 1955. (665)
II: Anordnung und Ausbildung der Hauptbauwerke. 184 Seiten, 91 Abbildungen. 1958. (666/666a)

Verkehrswasserbau von *H. Dehnert.* 3 Bände.
I: Entwurfsgrundlagen, Flußregelungen. 103 Seiten, 53 Abbildungen. 1950. (585)
II: Flußkanalisierung und Schiffahrtskanäle. 94 Seiten, 60 Abbildungen. 1950. (597)
III: Schleusen und Hebewerke. 98 Seiten, 70 Abbildungen. 1950. (1152)

Wehr- und Stauanlagen von *H. Dehnert.* 134 Seiten, 90 Abbildungen. 1952. (965)

Talsperren von *F. Tölke.* 122 Seiten, 70 Abbildungen. 1953. (1044)

Vermessungswesen

Vermessungskunde von *W. Grossmann*. 3 Bände.

I: Stückvermessung und Nivellieren. 11., verbesserte Auflage. 144 Seiten, 117 Figuren. 1962. (468)

II: Horizontalaufnahmen und ebene Rechnungen. 9. Auflage. Etwa 133 Seiten, 97 Figuren. 1963. In Vorbereitung. (469)

III: Trigonometrische und barometrische Höhenmessung. Tachymetrie und Absteckungen. 7., völlig neubearbeitete Auflage. 136 Seiten, 97 Figuren. 1960. (862)

Kartographie von *V. Heissler*. 213 Seiten, 125 Abbildungen, 8 Anlagen. 1962. (30/30a)

Photogrammetrie von *G. Lehmann*. 189 Seiten, 132 Abbildungen. 1959. (1188/1188a)

Hoch- und Tiefbau

Die wichtigsten Baustoffe des Hoch- und Tiefbaus von *O. Graf †*. 4., verbesserte Auflage. 131 Seiten, 63 Abbildungen. 1953. (984)

Baustoffverarbeitung und Baustellenprüfung des Betons von *A. Kleinlogel*. 2., neubearbeitete und erweiterte Auflage. 126 Seiten, 35 Abbildungen. 1951. (978)

Festigkeitslehre. 2 Bände.

I: Elastizität, Plastizität und Festigkeit der Baustoffe und Bauteile von *W. Gehler †* und *W. Herberg*. Durchgesehener und erweiterter Neudruck. 159 Seiten, 118 Abbildungen. 1952. (1144)

II: Formänderung, Platten, Stabilität und Bruchhypothesen von *W. Herberg* und *N. Dimitrov*. 187 Seiten, 94 Abbildungen. 1955. (1145/1145a)

Grundlagen des Stahlbetonbaus von *A. Troche*. 2., neubearbeitete und erweiterte Auflage. 208 Seiten, 75 Abbildungen, 17 Bemessungstafeln, 20 Rechenbeispiele. 1953. (1078)

Statik der Baukonstruktionen von *A. Teichmann*. 3 Bände.

I: Grundlagen. 101 Seiten, 51 Abbildungen, 8 Formeltafeln. 1956. (119)

II: Statisch bestimmte Stabwerke. 107 Seiten, 52 Abbildungen, 7 Tafeln. 1957. (120)

III: Statisch unbestimmte Systeme. 112 Seiten, 34 Abbildungen, 7 Formeltafeln. 1958. (122)

Fenster, Türen, Tore aus Holz und Metall. Eine Anleitung zu ihrer guten Gestaltung, wirtschaftlichen Bemessung und handwerksgerechten Konstruktion von *W. Wickop †*. 4., überarbeitete und ergänzte Auflage. 155 Seiten, 95 Abbildungen. 1955. (1092)

Heizung und Lüftung von *W. Körting*. 2 Bände. 9., neubearbeitete Auflage.
I: Das Wesen und die Berechnung der Heizungs- und Lüftungsanlagen. 171 Seiten, 29 Abbildungen, 36 Zahlentafeln. 1962. (342/342a)
II: Die Ausführung der Heizungs- und Lüftungsanlagen. 1963. In Vorbereitung. (343)

Industrielle Kraft- und Wärmewirtschaft von *F. A. F. Schmidt* und *A. Beckers*. 167 Seiten, 73 Abbildungen. 1957. (318/318a)

Sammlung Göschen / Bandnummernfolge

1 Langosch, Der Nibelunge Nôt
3/3a v. Ende, Maschinenelemente
10 Jiriczek-Wisniewski, Kudrun- und Dietrich-Epen
13 Lotze, Geologie
18 Maurer, Hartmann von Aue. Der arme Heinrich
19 Altheim, Römische Geschichte I
20 Hofstaetter, Dt. Sprachlehre
22 Maurer, Gottfried von Strassburg
29/29a Brauns-Chudoba, Allgemeine Mineralogie
30/30a Heissler, Kartographie
31/31a Brauns-Chudoba, Spezielle Mineralogie
35 Treue, Dt. Geschichte von 1648—1740
37/37a Klemm, Anorganische Chemie
38/38a Schlenk, Organische Chemie
39 Treue, Dt. Geschichte von 1713—1806
42 Behn-Hoernes, Vorgeschichte Europas
44 Kresze, Physikalische Methoden in der Organischen Chemie I
45/45a Kresze, Physikalische Methoden in der Organischen Chemie II
47 Fischer-Rohrbach, Arithmetik
51/51a Ringleb, Mathem. Formelsammlung
52 Bieler, Röm. Literaturgesch. I
59 Krahe, Indog. Sprachwiss. I
60 Biehle, Stimmkunde
61 Biele, Redetechnik
64 Krahe, Indog. Sprachwiss. II
65/65a Grotemeyer, Analyt. Geometrie
66 Berneker-Vasmer, Russische Grammatik
70 Nestle-Liebich, Gesch. d. griechischen Literatur I
71 Schulze, Allgemeine und physikalische Chemie I
76 Döring, Einf. i. d. th. Physik I
77 Döring, Einf. i. d. th. Physik II
78 Döring, Einf. i. d. th. Physik III
79/79a Hempel, Got. Elementarbuch
80 Weigert, Stilkunde I
81 Schubert-Haussner-Erlebach, Vierstell. Logarithmentafeln
86 Barner, Differential- und Integralrechnung I
96 Hartmann, Einf. in die allgem. Biologie
99 Hessenberg-Kneser, Ebene und sphär. Trigonometrie
101 v. Wiese, Soziologie
103 Dahrendorf, Industrie- und Betriebssoziologie
104/104a Hofstätter, Sozialpsychologie
111 Hoffmann-Debrunner, Gesch. der griechischen Sprache I
114 Debrunner, Gesch. der griechischen Sprache II
117 Brandenstein, Griechische Sprachwissenschaft I
118/118a Brandenstein, Griechische Sprachwissenschaft II
119 Teichmann, Statik der Baukonstruktionen I
120 Teichmann, Statik der Baukonstruktionen II
122 Teichmann, Statik der Baukonstruktionen III
125 Vossler-Noyer-Weidner, Ital. Literaturgeschichte
128/128a Lausberg, Romanische Sprachwissenschaft I

136 Mahler-Graewe, Physikal. Formelsammlung
141 Geitler, Morphologie der Pflanzen
142 Haack, Darst. Geometrie I
143 Haack, Darst. Geometrie II
144 Haack, Darst. Geometrie III
145 Weimer, Gesch. der Pädagogik
148 Kolms, Finanzwissenschaft I
156/156a Landmann, Philosophische Anthropologie
170 Oehlmann, Musik des 19. Jhs.
171/171a Oehlmann, Musik des 20. Jhs.
173 Bruhns-Ramdohr, Petrographie
174 Schlingloff, Religion des Buddhismus I
180 Böhm, Versicherungsmathematik I
184 Blümcke, Textilindustrie I
196/196a Mohr, Grundlagen der allgem. Elektrotechnik
200/200a Gottschald, Dt. Rechtschreibungswörterbuch
210 Bruhns-Ramdohr, Kristallographie
220/220a Moser, Allg. Musiklehre
221/221a Jander-Jahr, Maßanalyse
222 Hassak-Beutel-Kutzelnigg, Warenkunde I
223 Hassak-Beutel-Kutzelnigg, Warenkunde II
226/226a Hofmann, Gesch. der Mathematik I
228 Vogel, Landw. Tierzucht
231/231a Ehrlich, Gesch. Israels
238 Krahe, Germ. Sprachwiss. I
243 Mahler, Physikal. Aufgabensammlung
247/247a Hofmann-Jander, Qualitative Analyse
250 Lausberg, Romanische Sprachwissenschaft II
252 Vetter, Elektrochemie I
253 Vetter, Elektrochemie II
257 Humburg, Gleichstrommaschine I
264 Lockemann, Gesch. der Chemie I
265/265a Lockemann, Geschichte der Chemie II
270 Kirn, Einführung in die Geschichtswissenschaft
274 Zietemann, Dampfturbinen I
279 Jacob-Hohenleutner, Quellenkunde der deutschen Geschichte I
280 Jacob-Hohenleutner, Quellenkunde der deutschen Geschichte II
281 Leisegang, Einführung in die Philosophie
282 Haltenorth, Säugetiere
284 Jacob-Weden, Quellenkunde der deutschen Geschichte III
318/318a Schmidt-Beckers, Industrielle Kraft- u. Wärmewirtschaft
319 Krug, Australien und Ozeanien
329 Scharrer, Agrikulturchemie I
330/330a Scharrer, Agrikulturchemie II
335 Klug, Fette und Öle
336 Braun-Klug, Seifenfabrikation
342/342a Körting, Heizung und Lüftung I
343 Körting, Heizung und Lüftung II
344 Moser, Musikästhetik
354/354a Valentiner-König, Vektoren und Matrizen
355 Neger-Münch-Huber, Nadelhölzer
356 Lüdemann, Fische
374 Döring, Einführung in die theoret. Physik IV
375 Preller, Geschichte Englands I
389/389a Diels-Mattick, Pflanzengeographie
391 Kolms, Finanzwissenschaft II
394/394a Schilling, Von der Renaissance bis Kant
414/414a Tafel, Hebezeuge
422 Gottschald, Dt. Personennamen
423 Adler-Erlebach, Fünfstellige Logarithmen
432 Borchers, Metallkunde I
433/433a Borchers, Metallkunde II
434 Borchers-Hanke, Metallkunde III

435 Burau, Algebr. Kurven u. Flächen I
436/436a Burau, Algebr. Kurven und Flächen II
439 Jaeckel, Würmer
440 Jaeckel, Weichtiere
441 Jaeckel, Stachelhäuter
442 Hannemann, Schwämme und Hohltiere
443 Gruner-Deckert, Krebse
444 Reichenow, Einzeller
445 Asmus, Physikal.-chem. Rechenaufgaben
447/447a Herter, Kriechtiere
448 Haltenorth, Manteltiere
452 Bahrdt-Scheer, Stöchiometrische Aufgabensammlung
468 Grossmann, Vermessungskunde I
469 Grossmann, Vermessungskunde II
476 Thum-Meysenbug, Die Werkstoffe des Maschinenbaues I
483 Henglein, Lötrohrprobierkunde
492 Stolz-Debrunner, Geschichte der lateinischen Sprache
499 Niese-Küchler, Autogenes Schweißen
500 Simmel, Hauptprobleme der Philosophie
536 Lehmann, Kant
538 Rumpf, Archäologie I
539 Rumpf, Archäologie II
557 Nestle-Liebich, Gesch. der griech. Literatur II
561 Matthes, Werkzeugmaschinen I
562 Matthes, Werkzeugmaschinen II
564 Behn-Hoernes, Kultur der Urzeit I
565 Behn-Hoernes, Kultur der Urzeit II
566 Behn-Hoernes, Kultur der Urzeit III
571 Lehmann, Philosophie des 19. Jahrhunderts I
576/576a Moser, Gesangskunst
579 Müller-Schulze, Techn. Tabellen
580/580a Sedlaczek-Fischer-Buch, Walzwerke
583/583a Engel, Maschinen der Eisenhüttenwerke
584/584a Müller, Kinematik
585 Dehnert, Verkehrswasserbau I
587 Kalitsunakis-Steinmetz, Neugriech.-dt. Gesprächsbuch
589 Tochtermann, Maschinenzeichnen I
590 Tochtermann, Maschinenzeichnen II
594 v. Lengerken, Insekten
597 Dehnert, Verkehrswasserbau II
601 Mutschmann, Engl. Phonetik
619 Buchwald, Kristalloptik
665 Ludin-Borkenstein, Wasserkraftanlagen I
666/666a Ludin-Borkenstein, Wasserkraftanlagen II
668 Knopp, Funktionentheorie I
677 Altheim, Röm. Geschichte II
679 Altheim, Röm. Geschichte III
684 Altheim, Röm. Geschichte IV
691 Fauser, Kulturtechn. Bodenverbesserungen I
692 Fauser, Kulturtechn. Bodenverbesserungen II
698/698a Schulze, Allgemeine u. physikalische Chemie II
703 Knopp, Funktionentheorie II
709 Lehmann, Philosophie des 19. Jahrhunderts II
711 Kesselring, Berechnung der Schaltgeräte
714/714a zur Megede, Technik selbsttätiger Regelungen
715 Zietemann, Dampfturbinen II
716 Zietemann, Dampfturbinen III
718 Neger-Münch-Huber, Laubhölzer
728/728a Pirani-Fischer-Runge, Graph. Darstellung in Wissenschaft u. Technik
735 Ekwall, Historische neuengl. Laut- und Formenlehre
746/746a Pfanzagl, Allg. Methodenlehre der Statistik I
747/747a Pfanzagl, Allg. Methodenlehre der Statistik II
756/756a Kalitsunakis, Gramm. d. Neugriech. Volksspr.

763/763a Beer-Meyer, Hebräische Grammatik I
764/764a Beer-Meyer, Hebräische Grammatik II
768/768a Bieberbach, Einführung in die konforme Abbildung
769/769a Beer-Meyer, Hebräisches Textbuch
770 Schlingloff, Religion des Buddhismus II
776 Kolms, Finanzwissensch. III
780 Krahe, German. Sprachwiss. II
781 Weigert, Stilkunde II
782 Kolms, Finanzwissensch. IV
786 Schulze, Molekülbau
796 Meiners-Wiesenewsky, Elektr. Höchstspannungs-Schaltanlagen
807 Kropp, Erkenntnistheorie
809 Moser, Harmonielehre I
826 Koch, Philosophie d. Mittelalters
827 Schwaiger, Elektromotorische Antriebe
831 Erismann, Allg. Psychologie I
832/382a Erismann, Allg. Psychologie II
833 Erismann, Allg. Psychologie III
834/834a Erismann, Allg. Psychologie IV
837 Baumgartner, Gruppentheorie
845 Lehmann, Philosophie im ersten Drittel des 20. Jhs. I
847 Herter, Lurche
850 Lehmann, Philosophie im ersten Drittel des 20. Jhs. II
851/851a Moede, Psychologie des Berufs- und Wirtschaftslebens
857 Capelle, Griech. Philosophie I
858 Capelle, Griech. Philos. II
859 Capelle, Griech. Philos. III
862 Grossmann, Vermessungskunde III
863 Capelle, Griech. Philos. IV
866 Bieler, Röm. Literaturgeschichte II
869 Freye, Vögel
875 Hofmann, Geschichte der Mathematik II
877 Knopp, Aufgabensammlung zur Funktionentheorie I
878 Knopp, Aufgabensammlung zur Funktionentheorie II
881 Humburg, Gleichstrommaschine II
882 Hofmann, Geschichte der Mathematik III
883 Stuloff, Mathematik der neuesten Zeit
893 Treue, Dt. Geschichte von 1806—1890
894 Treue, Dt. Geschichte von 1890 bis zur Gegenwart
902 Müller, Dynamik I
903 Müller, Dynamik II
910 Jaeger, Afrika I
911 Jaeger, Afrika II
915 Sperber-Fleischhauer, Gesch. der Deutschen Sprache
917/917a Böhm, Versicherungsmathematik II
920 Hoheisel, Gewöhnliche Differentialgleichungen
921 Jantzen-Kolb, W. v. Eschenbach. Parzival
929 Schirmer-Mitzka, Dt. Wortkunde
930 Krull, Elementare und klassische Algebra I
931 Hasse, Höhere Algebra I
932 Hasse, Höhere Algebra II
933 Krull, Elementare und klassische Algebra II
936 Thum-Meysenbug, Werkstoffe d. Maschinenbaues II
952 Schäfer, Transformatoren
953 Zipperer, Techn. Schwingungslehre I
961 a Zipperer, Techn. Schwingungslehre II
965 Dehnert, Wehr- und Stauanlagen
970 Baldus-Löbell, Nichteuklidische Geometrie
978 Kleinlogel, Baustoffverarbeitung und Baustellenprüfung d. Betons
984 Graf, Baustoffe des Hoch- und Tiefbaues
999/999a Kamke, Mengenlehre

1000 Jaspers, Geistige Situat. der Zeit
1003 Hohelsel, Partielle Differentialgleichung
1008/1008a Mellerowicz, Allgem. Betriebswirtschaftslehre I
1009 Bechert-Gerthsen-Flammersfeld, Atomphysik I
1014 Huttenlocher, Mineral- und Erzlagerstättenkunde I
1015/1015a Huttenlocher, Mineral- u. Erzlagerstättenkunde I
1017 Döring, Einführung in die theoret. Physik V
1020 Niese-Dienst, Elektrische Schweißverfahren
1031/1031a Apel-Ludz, Philosophisches Wörterbuch
1033 Bechert-Gerthsen-Flammersfeld, Atomphysik II
1034 Kranefeldt-Jung, Therapeutische Psychologie
1035 Altheim, Röm. Religionsgeschichte I
1039 Dovifat, Zeitungslehre I
1040 Dovifat, Zeitungslehre II
1044 Tölke, Talsperren
1045 Schubert, Technik des Klavierspiels
1051/1051a Stolberg-Wernigerode, Gesch. d. Vereinigten Staaten
1052 Altheim, Röm. Religionsgeschichte II
1057 Roth, Thermochemie
1059 Hoheisel, Aufgabenslg z. d. gew. u. part. Differentialgl.
1061 Grodzinski-Lechner, Getriebelehre I
1062 Grodzinski-Lechner, Getriebelehre II
1065 Haller-Dannenbauer, Von d. Karolingern zu den Staufern
1070 Sauter, Differentialgleichungen der Physik
1074 Koschmieder, Variationsrechnung I
1075 –, Variationsrechnung II
1076/1076a Endres, Verbrennungsmotoren I
1077 Haller-Dannenbauer, Von den Staufern zu den Habsburgern
1078 Troche, Stahlbetonbau
1082 Hasse-Klobe, Aufgabensammlung zur höheren Algebra
1085 Lietzmann-Aland, Zeitrechnung
1086 Müller, Dt. Dichten und Denken
1088 Preller, Gesch. Englands II
1092 Wickop, Fenster, Türen, Tore
1094 Hernried, System. Modulation
1096 Viëtor, Dt. Dichten und Denken
1099 Hoheisel, Integralgleichungen
1105 Hartung, Dt. Geschichte im Zeitalter der Reformation
1108 de Boor-Wisniewski, Mittelhochdeutsche Grammatik
1109 Knopp, Elemente der Funktionentheorie
1111/1111a Naumann-Betz, Althochdt. Elementarbuch
1113/1113a Strubecker, Differentialgeometrie I
1114 Schubel, Engl. Literaturgeschichte I
1115 Ranke, Altnord. Elementarbuch
1116 Schubel, Engl. Literaturgeschichte II
1117 Haller-Dannenbauer, Eintritt der Germanen in die Geschichte
1121 Naumann, Dt. Dichten u. Denken
1122 Feist, Sprechen und Sprachpflege
1123/1123a Bechert-Gerthsen-Flammersfeld, Atomphysik III
1124 Schubel, Engl. Literaturgeschichte III
1125 Lehnert, Altengl. Elementarbuch
1127 Hartmann, Geschlecht u. Geschlechtsbestimmung im Tier- und Pflanzenreich
1128 Buchner, Symbiose der Tiere
1130 Dibelius-Kümmel, Jesus
1131 Scholz-Schoeneberg, Einführung in die Zahlentheorie
1132 Frühauf, Überspannungen

1134 Kuckuck, Pflanzenzüchtung I
1135 Lehnert, Beowulf
1137 Heil, Entwicklungsgesch. d. Pflanzenreiches
1138 Hämmerling, Fortpflanzung im Tier- und Pflanzenreich
1140 Unger, Induktionsmaschine
1141 Koller, Hormone
1142 Meissner-Lehnert, Shakespeare
1144 Oehler-Herberg, Festigkeitslehre I
1145/1145a Herberg-Dimitrov, Festigkeitslehre II
1146 Putz, Synchronmaschine
1147 v. Waltershausen, Kunst d. Dirigierens
1148 Pepping, Der polyphone Satz I
1152 Dehnert, Verkehrswasserbau III
1153/1153a Mellerowicz, Allgem. Betriebswirtschaftslehre II
1154/1154a Mellerowicz, Allgem. Betriebswirtschaftslehre III
1155 Schwartz, Mikrobiologie I
1156/1156a Meinke, Komplexe Berechnungen v. Wechselstromschaltungen
1157 Schwartz, Mikrobiologie II
1158 Mayrhofer, Sanskrit-Grammatik
1159 Jungbluth, Gießereitechnik I
1160 Dibelius-Kümmel, Paulus
1161 Kaestner, Spinnentiere
1162 Seidel, Entwicklungsphysiologie der Tiere I
1163 Seidel, Entwicklungsphysiologie der Tiere II
1164/1164a Pepping, Der polyphone Satz II
1165/1165a Bechert-Gerthsen-Flammersfeld, Atomphysik IV
1169 Paulsen, Allgemeine Volkswirtschaftslehre I
1170 Paulsen, II
1171 Paulsen, III
1172 Paulsen, IV
1173 Hamann-Funke-Hermann, Chemie der Kunststoffe
1176/1176a Lorenzen, Form. Logik
1178/1178a Kuckuck, Pflanzenzüchtung II
1179/1179a Strubecker, Differentialgeometrie II
1180/1180a Strubecker, Differentialgeometrie III
1181 Franz, Topologie I
1182 Franz, Topologie II
1183/1183a Nicolas, Finanzmathematik
1184 Endres, Verbrennungsmotoren II
1185 Endres, Verbrennungsmotoren III
1186/1186a Mellerowicz, Allgem. Betriebswirtschaftslehre IV
1187 Lau, Luther
1188/1188a Lehmann, Photogrammetrie
1189/1189a Päsler, Mechanik
1190 Stupperich, Melanchthon
1191/1191a Bräuer, Slav. Sprachwissenschaft I
1193 Fürstenberg, Wirtschaftssoziologie
1194 Wendt, Gesch. d. Volkswirtschaftslehre
1195 Ohm, Allgem. Volkswirtschaftspolitik I
1196 Ohm, — II
1197/1197a Onasch, Einf. in die Konfessionskunde der orthodoxen Kirchen
1198 Engel, Straßenverkehrstechnik
1199 Lausberg, Romanische Sprachwissenschaft III, 1. Teil
1200/1200a Lausberg, Romanische Sprachwissenschaft III, 2. Teil
1201/1201a Dehn, Versuche zur allgem. u. phys. Chemie
1202/1202a Nagel, Gesch. des christl. Gottesdienstes
1203 Wendland, Sozialethik
1204 Scheurig, Zeitgeschichte
1205/1205a Hofmann, Ideengeschichte d. soz. Bewegung
1207 Philipsborn, Erzkunde
1208 Lausberg, Romanische Sprachwissenschaft IV
1209/1209a Bock, Therm. Verfahrenstechnik I
1210/1210a Bock, Therm. Verfahrenstechnik II

Autorenregister

120, II, 63

GJG

FSC
www.fsc.org
MIX
Papier | Fördert
gute Waldnutzung
FSC® C083411

Kolibri 360 GmbH
Ferdinand-Jühlke-Straße 7
99095 Erfurt, Deutschland
produktsicherheit@kolibri360.de